"十四五"大学生创新创业规划教材

互联网产品设计

苏 博 编著

中国铁道出版社有限公司
CHINA RAILWAY PUBLISHING HOUSE CO., LTD.

内 容 简 介

本书根据"互联网+"时代的社会经济发展需要和教育部部署推动的大学生"互联网+创新创业教育"、新文科教育的目标编写而成。全书共分7章,紧紧围绕"互联网产品设计"核心主题,聚焦于"是什么、怎么做"这个重点,从"概念、理念、思维、方法、工具和实践"等几个关键点入手,层层递进阐释了进行互联网产品设计所需要的基础理念、思维、实践方法论和工具,一环套一环地呈现了从0到1设计一个互联网产品的全过程。

本书适合作为高等院校互联网产品设计、数字媒体艺术、广告、电子商务、市场营销、创新创业等相关专业或课程的教材,也可作为大学图书馆"互联网+"普及、创新创业教育系列的馆藏书籍,还可作为"专业基础、行业经历双空白"并希望转型从事互联网产品设计及运营策划工作人员的入门书籍和常备参考工具书。

图书在版编目(CIP)数据

互联网产品设计 / 苏博编著 . —2 版 . —北京:中国
铁道出版社有限公司,2021.1(2024.5 重印)
"十四五"大学生创新创业规划教材
ISBN 978-7-113-27478-8

Ⅰ.①互… Ⅱ.①苏… Ⅲ.①互联网络-应用-产品
设计-高等学校-教材 Ⅳ.①TB472-39

中国版本图书馆 CIP 数据核字(2020)第 250131 号

书　　名:互联网产品设计
作　　者:苏　博

策　　划:汪　敏　　　　　　　　　　　　　编辑部电话:(010)51873135
责任编辑:汪　敏　李学敏
封面设计:王镜夷
封面制作:刘　颖
责任校对:孙　玫
责任印制:樊启鹏

出版发行:中国铁道出版社有限公司(100054,北京市西城区右安门西街 8 号)
网　　址:https://www.tdpress.com/51eds/
印　　刷:番茄云印刷(沧州)有限公司
版　　次:2018 年 1 月第 1 版　2021 年 1 月第 2 版　2024 年 5 月第 5 次印刷
开　　本:787 mm×1 092 mm　1/16　印张:12.5　字数:298 千
书　　号:ISBN 978-7-113-27478-8
定　　价:39.80 元

前　言

　　《互联网产品设计》第一版出版发行已经近 3 年的时间了，作为一本专门供"专业基础、行业经历双空白"人群入门互联网产品设计的基础教材，本书填补了互联网产品设计人才培养中缺乏"具有体系化、概论性、导引性而又不失思想性、方法论的学习材料"教材的空白。很荣幸本书受到了广大高校学生和互联网产品设计初学者的欢迎，尤其是对于一些开设互联网产品设计、运营和营销类课程的高校教师，因为本书为其提供了体系化的教学内容，所以他们也给予了本书极为热情的好评反馈，以及来自读者的肯定和鼓励，让我们备受鼓舞！

　　除了鼓励，我们也收集到来自各方面关于本书的许多有益的意见和建议。这些意见和建议驱使我们不断思考如何让本书的内容更具体系性，更能与市场企业对互联网产品设计人才的技能要求匹配一致，让本书切实成为互联网产品设计初学者学习互联网产品设计的第一本入门教材，也能够成为更为广泛的互联网产品设计人员的常备工具书。鉴于此，我们决定在吸收读者使用反馈的基础上，结合互联网产品设计领域的新发展、新动态，对原版进行修订。

　　本次修订主要从以下三个方面展开：

　　第一，重新设计内容框架。为了使本书内容更加具有体系性和实用性，更能反映互联网产品设计实践工作的实际需要，我们对本书内容重新进行谋篇布局。主要是紧紧围绕"互联网产品设计"这个核心主题，聚焦于"是什么、怎么做"这个重点，从"概念、理念、思维、方法、工具和实践"等关键点入手，层层递进阐释互联网产品设计所需要的基础理念思维和方法论，一环套一环地呈现从 0 到 1 设计一个互联网产品的全过程。

　　第二，内容调整与完善。为了使本书内容更聚焦，我们删减了第一版中关于"认识互联网及互联网思维"的内容，尽管互联网是互联网产品的生长土壤，互联网产品设计的理念、逻辑也是植根于互联网大逻辑的，但考虑到对于互联网大环境的基本认识，已是普遍的常识，所以，在第二版中就不再赘述；同时，对于互联网产品设计需要应用到的一些更深层次的方法、工具，我们在这些方面进行了补充；再者，鉴于互联网产品设计很大的工夫实际上是花在上线运营之后的，所以，本版专门增设一章介绍互联网产品运营的基本知识。这样一来，使得本版的内容体系与市场上的互联网产品设计实践保持高度的一致。

第三，丰富学习资源。鉴于广大读者反映互联网产品设计方面的学习资源比较有限，加之互联网产品设计的方法论尚不统一，为了让读者的视野不被本书的内容体系所束缚，特别在第二版每章中增设"拓展资源"模块，将相关学习资源以二维码形式呈现，使读者巩固知识、开阔视野和拓展思维，因此，本书不仅是一本内容充实的教材，更是一本互联网产品设计的学习资源导引地图。

修订后，本书更加适合作为高等院校互联网产品设计、数字媒体艺术、广告、电子商务、市场营销、创新创业等相关专业或课程的教材，也可作为大学图书馆"互联网 +"普及、创新创业教育系列的馆藏书籍，还可作为"专业基础、行业经历双空白"并希望转型互联网产品设计及运营策划工作的初学人员的入门书籍和常备参考工具书。

本书能够出版，得益于多方的协力与襄助，为免挂一漏万，恕不能一一列举，不管是第一版的读者还是出版社编辑、同事、好友、家人，在此一并表示深切感谢。

由于时间仓促，加之编者知识水平有限，书中难免存在疏漏与不妥之处，恳请广大读者继续批评、指正。读者可以关注微信公众号（搜索 ID：NBisNO1 或扫描下方二维码），获取本书配套资料及其他最新关于互联网产品设计的学习资源。

编 者

2020 年 9 月

目　录

第1章
认识产品与互联网产品

互联网产品的本质还是产品，所以在学习理解互联网产品的概念之前，首先需要对产品的核心内核和本质进行探讨，进而对互联网产品的概念进行深入的理解。接下来，我们将从产品的基本定义、分类等几个方面，了解产品以及互联网产品的定义、特征，并对其所蕴含的内涵进行分析，从而建立对互联网产品清晰的认识。透彻理解并掌握这些基本概念，是进行互联网产品设计的基本前提，否则就有可能会犯缘木求鱼的错误。

1.1 产　　品

当我们第一次接触到产品这个概念时，第一个映入脑海的问题就是什么是产品？它的定义是什么？如何理解它的定义？只有理解和解决了"是什么"的问题，才能谈"怎么做"的问题。同理，只有理解了"什么是产品"的问题，才能进一步去研究"怎么设计产品"的问题。

1.1.1 产品的基本定义

在现代汉语词典中，产品被解释为"生产出来的物品"。在日常经济社会生活中，也常常把产品理解为企业组织生产制造出来的任何物质或物质的组合。所以，汽车制造厂的产品就是汽车，牙膏制造厂的产品就是牙膏，如图 1-1 所示。

产品正面图

产品背面图

图1-1　有形产品：牙膏

接触过理财的人都会知道，在银行等机构中会有这样一个概念——理财产品。比如"5万元定期存款108天，利率5%"。图1-2所示为一款理财产品。

招商银行金葵花增利系列673号理财计划（代码：108840）

产品代码：108840	产品类型：招银进宝系列
发售起始日期：2017-05-05 10:00	发售截止日期：2017-05-11 17:00
产品到期日：2019-05-28	预期收益率：
投资类型：固定收益型	风险评级：R2(稳健型)
销售渠道：网上，手机，PAD，网点	币种：人民币

理财产品
金葵花增利系列673号理财计划

收藏　评论

图1-2　无形产品：理财服务

我们会发现，理财产品与汽车、牙膏相比，其差异在于前者是无形的，而后者是有形的。

当然，它们也有共同点，即都能满足人在某些层面的需求，比如汽车可以满足人们"提高出行效率"的需要；理财产品可以满足人们"想获取更多金钱"的需要。也就是说，产品为其目标用户提供了价值，这种价值除了功能、材料价值之外，还包括情绪、心理等价值，比如一个娱乐视频APP，为用户提供的价值就是愉悦身心。

所以，从狭义上讲，产品就是被生产出来的物体；从广义上说，产品泛指可以满足人们需求的载体。很多情况下，我们使用产品的概念，是取其整体的内涵，可能既包含了其狭义的内涵，也包含了其广义的内涵。

概括起来，产品就是指能够供给市场，被人们使用和消费，并能满足人们某种需求的任何有价值的东西，包括有形的物品，无形的服务、组织、观念，或它们的组合。通常认为，产品是"一组将输入转化为输出的相互关联或相互作用的活动"的结果，即"过程"的结果。

1.1.2　产品的内涵

社会需要是不断变化的，新产品的不断出现，产品质量的不断提高，产品数量的不断增加，是现代社会经济发展的显著特点。因此，产品的品种、规格、款式也会相应地发展和改变。那么，如何在持续不断变化中，始终准确地把握产品的概念就显得尤为重要，这是进行适应时代需要的产品设计的前提。

根据菲利普·科特勒等学者的研究成果，不管市场环境和用户需求如何发展和变迁，都可以从五个层次来表述产品的整体概念，这有助于我们更好地理解和把握产品的内涵。产品整体概念的五个基本层次分别是：

① 核心产品。核心产品是指向用户提供的产品的核心利益或服务。从根本上说，每一种产品实质上都是为解决问题而提供的服务。因此，营销人员向用户推销任何产品，都必须具有反应顾客核心需求的基本效用或利益。

② 形式产品。形式产品是指心产品借以实现的形式，它由五个特征构成，即品质、式样、特征、商标及包装。即使是纯粹的服务，也具有相类似的形式上的特点。

③ 期望产品。期望产品是指购买者在购买产品时期望得到的与产品密切相关的一整套属性和条件。

④ 延伸产品。延伸产品是指用户购买形式产品和期望产品时附带获得的各种利益的总和，包括产品说明书、保证、安装、维修、送货、技术培训等。国内外很多企业的成功，在一定程度上应归功于他们更好地认识到服务在产品整体概念中所占的重要地位。

⑤ 潜在产品。潜在产品是指现有产品包括所有附加产品在内的，可能发展成为未来最终产品的潜在状态的产品。潜在产品指出了现有产品可能的演变趋势和前景。

上述五个层次的表述方式能够更深刻、更准确地表述产品整体概念的含义。产品整体概念要求营销人员在规划市场供应物时，要考虑到能提供顾客价值的五个层次。

1.1.3　产品的分类

正如前文所述，产品有有形的，也有无形的。有形产品可以是看得见摸得着的，也可以是看得见摸不着的。所以，通常产品可从以下四个类别来进行表述：

1. 服务

服务通常是无形的，是为满足用户的需求，供方（提供产品的组织和个人）和用户（接受产品的组织和个人）之间在接触时的活动以及供方内部活动所产生的结果，并且是在供方和用户接触上至少需要完成一项活动的结果，如医疗、运输、咨询、金融贸易、旅游、教育等。服务的提供可涉及：为用户提供的有形产品（如维修的汽车）上所完成的活动；为用户提供的无形产品（如为准备税款申报书所需的收益表）上所完成的活动；无形产品的交付（如知识传授方面的信息提供）；为用户创造氛围（如在宾馆和饭店）。服务特性包括：安全性、保密性、环境舒适性、信用、文明礼貌以及等待时间等。

2. 软件

软件由信息组成，是通过支持媒体表达的信息所构成的一种智力创作，通常是无形产品，并以方法、记录或程序的形式存在，如计算机程序、信息记录等。QQ 就是一款软件产品，如图 1-3 所示。

图1-3　QQ登录界面

3. 硬件

硬件通常是有形产品，是不连续的具有特定形状的产品，如电视机、计算机、元器件、建筑物、机械零部件等。其量具有计数的特性，往往用计数特性描述，如图 1-4 所示。

图1-4　硬件产品：电视机

4. 流程性材料

流程性材料通常是有形产品，是将原材料转化成某一特定状态的有形产品，其状态可能是流体、气体、粒状、带状。例如，润滑油、布匹，其量具有连续的特性，往往用计量特性描述。

一种产品可由两个或多个不同类别的产品构成，产品类别（服务、软件、硬件或流程性材料）的区分取决于其主导成分。例如，外供产品"汽车"是由硬件（如轮胎）、流程性材料（如燃料、冷却液）、软件（如发动机控制软件）和服务（如销售人员所做的操作说明）所组成。硬件和流程性材料经常被称为货物。一个产品究竟应该被称为硬件还是服务，主要取决于产品的主导成分。例如，客运航空公司主要为乘客提供空运服务，但在飞行中也提供点心、饮料等硬件。

1.1.4　产品的生命周期

正如生物具有生命周期一样，产品也有生命周期，也就是说产品从被生产出来之后并不是永存于世的，也有消亡的那一刻。

具体而言，产品的生命周期，是指产品从投入市场到更新换代和退出市场所经历的全过程，是产品在市场运动中的经济寿命，主要是由消费者的消费方式、消费水平、消费结构和消费心理的变化所决定的。

一般而言，产品的生命周期整个过程可以分为形成期、成长期、成熟期、衰退（衰落）期四个阶段。

1. 形成期

形成期是指产品刚刚诞生进入市场的时期，这个时期，产品的销售额比较低，利润也不稳定，甚至没有利润，竞争对手相对较少。

2. 成长期

当产品比较完善能够较好适应市场需要时，产品即进入成长期，这个时期用户对产品已有认识，市场迅速扩大以及企业的销售额和利润迅速增长，竞争对手也开始增多。

3. 成熟期

当产品在发展过程中开始有越来越多的竞争对手推出同类产品时，产品就进入了成熟期，这个时期，市场已趋于饱和，销售额已难以增长，行业内部竞争异常激烈，企业间的合并、兼并大量出现，许多小企业的产品开始退出。

4. 衰退期

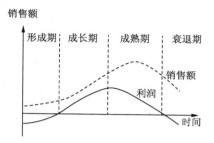

图1-5 产品生命周期曲线图

当竞争进入白热化，导致产品市场迅速下降、萎缩，产品利润下降时，产品就进入了衰退期，这个时期，企业纷纷退出这个行业。

从销售额和时间的纬度，可以将产品的生命周期表达为如图 1-5 所示的产品生命周期曲线图。

当产品处于不同生命周期时，产品经营方应当采取的战略、产品策略及营销策略要根据产品不同生命周期的特点而相应改变。表 1-1 展现了产品在不同生命周期时在销售额、利润、竞争对手几个纬度的特点，以及应该采取的战略重点、产品策略和营销策略。

表1-1 产品不同生命周期的应对策略表

纬 度	形 成 期	成 长 期	成 熟 期	衰 退 期
销售额	低	快速增长	缓慢增长	下降
利润	变动较大	快速增长	下降	低
竞争对手	较少	增多	加剧	减少
战略重点	提高产品知名度，刺激主要需求	加大投入，进一步抢占市场	保持市场占有率	提高效率，降成本
产品策略	以基本型产品为主，注重产品质量	改进型产品，提高产品质量	差异化产品，注重特色	下架、停产弱势产品
营销策略	品牌宣传，高价位进入或低价位渗透	加大营销投入，有选择地降价	品牌差异化竞争，价格竞争	选择性营销，维持品牌忠诚度

1.1.5 优秀产品的特征及衡量标准

按照前文对产品的定义，产品本质上是提供给用户的，能满足用户需求、解决用户问题的价值。同时，产品的生产者和经营者，为市场用户提供有价值的产品的动力来自于能够获取利润。从这个意义上来说，判断产品是否优秀，主要应该从两个方面来评估：一个是对用户的效用来说，产品是否真正被需要、有价值；另一个是对产品提供方来说，依赖这个产品是否有效益。

所以，优秀的产品都具备三个最基本的鲜明特征：有需求、有优势、有收益。有需求，就是市场上存在大量用户需要该产品，可以用产品的用户数来衡量，有人使用说明产品有需求；有优势，是指产品在市场上同类产品中具有更优质的功能和服务，自然就能吸引更多的人选择该产品，这样就可以用市场占有份额来衡量，占据更大市场份额的产品，自然说明产品更优秀；

有收益，是指产品能够为产品提供方带来利润，利润越大，说明产品越优秀。

上述关于优秀产品的特征及其衡量标准，可以用图1-6来表示。

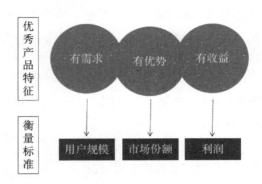

图1-6　优秀产品特征及其衡量标准

在产品设计过程中，要以终为始，对标优秀产品的特征，不断倒推如何设计产品才能使得产品获得更多的用户，占有更大的市场份额，获得更可观的利润。

1.2　互联网产品

掌握了产品的概念，对于互联网产品这个概念就不难理解了。互联网产品与产品这两个概念是大和小的关系，既有一脉相承的联系，也有其基于互联网而独有的一些特点。

1.2.1　互联网产品的定义

互联网产品是按照某种逻辑对产品的一种分类，它属于产品的子集，如图1-7所示。

显然，互联网产品是有了互联网之后才出现的，那么这个概念就是在互联网产生之后由产品的概念延伸而来的。随着互联网的出现，最早产生的互联网产品就是网站，早期的网站主要是信息资讯网站，如搜狐、新浪等。

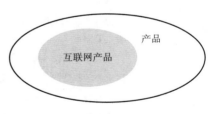

图1-7　互联网产品是产品的子集

按照前文对产品的划分，这些早期的互联网产品——网站，应该属于"软件"产品的行列，主要是信息的传播载体，极大地提高了信息的获取和传播效率。但随着互联网技术进一步的发展，互联网产品已经不局限于只提供信息价值，还提供如社交、娱乐、金融等服务价值，如图1-8所示。

不管互联网产品的形态以及其提供的价值是如何演变的，互联网产品作为产品的基本内涵逻辑和其他类型产品依然是一致的。也就是说，互联网产品也是以用户需求为导向、用于解决用户问题的产品，更多表现为无形产品（看得见，能通过硬件设备如鼠标间接操作，但不能直接摸得着）。

图1-8 国内最早诞生的互联网产品之一：搜狐网

互联网产品的独特之处表现在哪里呢？答案是互联网产品的生长土壤以及使用环境。互联网产品，顾名思义是必然依赖于互联网这个环境而存在，并在互联网环境中为用户提供价值、解决用户问题，用户也只有进入互联网才能应用互联网产品。

所以，概括起来，互联网产品是指在互联网环境中运行的用于为用户提供价值、解决问题的载体，其形态最常见的表现为 PC 网站、客户端、移动 APP（应用）、小程序等。互联网产品离开互联网是无法存在并产生价值的，用户离开互联网也无法接收互联网产品提供的价值。

1.2.2 互联网产品的特点

与一般非互联网产品相比，互联网产品有其显著的特点：

1. 突破时空限制

互联网产品运行于互联网环境中，互联网最大、最显著的特点就是突破了时空的限制，人们只要能够联网，随时随地都可以使用互联网产品。就像有了微信，无论是在家里、办公室还是在通勤的公共汽车上，都可以随时和朋友聊天、分享信息。

2. 可同步共享复用

互联网产品开发出来后，提供给许多用户使用时，并不需要给每个人都开发部署一个版本。而只需要一次性部署到一个服务器上，不同的用户只要能联网，通过网络浏览器或客户端就可以共同使用。即便是在同一时间，不同的用户也可以同步使用一个互联网产品。例如，一个人在北京，一个人在上海，这两个人是可以同时访问新浪网，获取新闻资讯的。对于新浪网来说，这些新闻资讯也不需要为 n 个人生产 n 次，而只需生产一次，如图 1-9 所示。这就是互联网产品可同步共享复用的特点。

3. 不损耗

先回顾一个使用牙膏的场景：当我们需要满足清洁牙齿的需求而使用牙膏这样的产品时，某人从牙膏瓶里挤出一些牙膏到牙刷上，然后进行刷牙，牙膏最后都变成泡沫随着漱口水被吐进盥洗池。当重复若干次刷牙的过程后，一瓶牙膏最终被消耗殆尽，需要再重新买一瓶。

再回顾另外一个场景：当我们使用 QQ 进行网络聊天时，只要拥有了一个 QQ 号，无论跟多少人聊天以及聊多长时间，这个 QQ 号都不会减少或被消灭。我们并不用因为要跟多人聊天或聊更多的内容，而需要重新换一个 QQ 号。

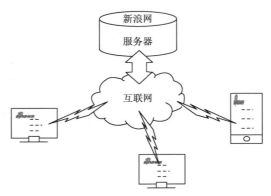

图1-9 互联网产品同步复用示意

由此可见，一般传统产品，大多会因为使用频次以及时间的累加而不断被消耗，直至消灭。一些牙膏用了就没了，一辆汽车用到一定年限就报废了。而互联网产品并不会因为用户的使用而损耗，只要还有支持它运行的环境存在，有人使用，它都会一如既往地提供功能和服务。

4. 满足用户个性化价值

我们都知道，电视台不可能根据每个人的喜好去定制电视节目，它要根据导演编排播放。电视机制造厂生产电视机时，一个型号的产品，用的是统一标准的模具，然后进行批量化生产。这样一来，同样购买长虹某型号电视机的甲和乙，他们所得到的产品是相同的、没有差别的。

而互联网产品可以在满足用户核心需求的基础上满足个性化价值。比如同样使用 QQ 这个产品，使用者可以根据自己的喜好设置软件的皮肤颜色，也可根据自己的需要决定是不是需要开通 QQ 空间，还可以根据自己的偏好设置空间的布局和装扮，等等，如图 1-10 所示。

图1-10 QQ自定义个性化外观面板

5. 供需两侧驱动生产迭代

传统的软硬件产品都有物化的载体，不可能经常改，比较稳定。而互联网产品的生产和运用都是比较灵活的，决定一个互联网产品发展的不单单是产品的提供方，产品的使用者也参与其中。正如前文所述，互联网产品的设计、开发更加注重用户的需求，而且在产品开发上线之后，用户在使用产品的同时，也大量参与到产品的更新优化过程中。用户在享用互联网产品的功能和服务的同时，也不断地对产品的价值体验，提出新的要求和建议。产品提供者通过互联网能第一时间收集到这些建议，并迅速分析采纳，对产品进行优化设计和更新，如图1-11所示。

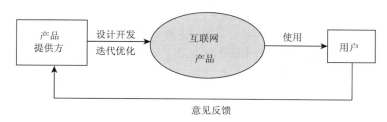

图1-11 互联网产品生产迭代流程

所以，互联网产品不同于其他物性产品单纯由提供方主导生产，而是由供需两侧共同参与驱动产品的生产与迭代发展。

1.2.3 互联网产品的发展

互联网产品的发展是与互联网技术的发展紧密相关的，互联网技术的不断突破与进步，造就了互联网产品的不断丰富与发展。那么，互联网产品究竟经历了怎样的发展历程，每一个发展阶段，都有哪些代表产品呢？了解互联网产品发展的脉络及其背后的产品逻辑，对于进行互联网产品设计具有重要的指导意义。

从交互的角度来看，互联网产品大致经历了以下几个发展阶段：

1. 自上而下的单向信息交互

这是互联网诞生后早期产品的特征，即产品主要致力于提升信息发布效率。这时主要的产品形态是信息网站，这时候的网站主要就是信息宣传、发布的站点，网站上发什么，用户就只能看什么，交互的方向是由网站到用户的单向传输。这个时期的互联网产品主要有信息门户网站（如中国最早的信息门户网站新浪、搜狐、网易，当然，现在这些门户网站已不单是自上而下单向信息传输了），还有政府、企业建立的宣传网站。

2. 用户有了些许自主权的信息交互

随着互联网技术的发展，网站越来越多，信息也越来越多。用户常常被淹没在信息的海洋里，想获取自己需要的信息，需要花费大量时间和精力。于是，网站开始增加检索功能，这样用户就可以根据自己的需要，自主地查找自己想要的信息，这大大提升了用户获取信息的效率。与此同时，也诞生了继信息网站之后的另一种互联网产品——搜索引擎。利用搜索引擎，用户可以从成千上万的信息网站中，找到符合自己需求的信息。从此之后，检索几乎成了所有互联网产品的标配功能，比如现在最为普及的社交产品微信，也具有检索功能，如图 1-12 所示。

有了检索功能之后，用户在与网络信息的交互上，不再只是被动接受，而是有了一定的自主权，但信息的提供主要还是政府、企业等组织。

3. Web 2.0 带动的双向信息交互

前述两个时期的互联网产品，一般被称为 Web 1.0。它的主要特点在于用户通过互联网浏览信息。这就像是在电视上收看节目，我们只能被动接受，而不能参与其中。而到了 2003 年，Web 2.0 的概念开始出现，互联网产品也随之向 Web 2.0 升级发展。

Web 2.0 一般指的是通过网络应用促进网络上人与人之间的信息交换和协同合作，其模式是以用户为核心的互联网。伴随着 Web 2.0 的诞生，互联网进入一个更加开放、交互性更强、由用户决定内容并参与共同建设的可读写网络阶段。

依靠 Web 2.0 先进的技术手段，产生了一批代表 Web 2.0 最前沿的技术应用产品，如国内的百度百科、百度文库、豆瓣网、互动百科、百度贴吧、新浪微博等；国外的 Flickr、YouTube、

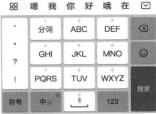

图1-12　微信中的检索功能

Skype 等。这些产品的重要特点是：信息不仅仅由政府、企业等组织单一提供，用户个体也可以参与信息内容建设，甚至好多产品，企业只需要搭建网站功能框架，内容由广大用户进行建设，即 UGC（User Generate Content，用户生成内容）模式。图 1-13 所示为用户自己创建的网站内容。

图1-13　用户自己创建网站内容

Web 2.0 内在的动力来源是将互联网的主导权交还给个人，从而充分发掘个人的积极性，使其参与到体系中。广大个人所贡献的影响和智慧及个人联系形成的社群的影响替代了原来少数人所控制和制造的影响，从而极大解放了个人的创作和贡献潜能，使得互联网的创造力上升到了新的量级。

4. 从信息交互到人与人的交互

其实，Web 2.0 技术带来的不仅是信息交互的升级换代，也带动了社会化交往的升级换代，使得现实世界人们的社交方式也发生了变革。这时互联网产品不再是单纯解决信息的传播问题，开始解决人与人的交往问题。随之也诞生了大量社交产品，从开始的聊天室、论坛社区、QQ 即时聊天工具，到后来产生了微博、微信等，这些产品极大地提高了人们的社交效率，革新了人们的社交方式。

自此之后，互联网产品的设计越来越重视用户之间的关系培养和维护，注重通过用户之间的关系交往，相互进行协作和影响。例如，私信、评论、点赞几乎成了现在大多数产品的标配。

5. 人工智能推动万物交互

随着互联网技术以及人工智能技术的发展，如今通过互联网不仅能实现人与信息、人与人的交互，而且使得人与机器的智能交互成为可能（计算机诞生之初，已经实现了人与机器的交互，但当时这种交互主要还是程序化，而且是借助鼠标等设备实现的）。

苹果在推出 iPhone 手机时有一项功能叫 Siri，这是人与机器进行智能交互的具有标志性意义的事件。利用 Siri，用户可以通过手机读短信、介绍餐厅、询问天气、语音设置闹钟等。Siri 可以支持自然语言输入，并且可以调用系统自带的天气预报、日程安排、搜索资料等应用，还能够不断学习新的声音和语调，提供对话式的应答。与此类似的还有微软同期推出的"微软小冰"机器人（见图 1-14），以及许多互联网公司研发的无人驾驶汽车。

当人工智能进一步取得突破性发展的时候，不仅仅人与机器的交互成为现实，机器与机器的交互也将指日可待，届时将是一个万物皆可自由进行交流的时代，由此将诞生更多新的互联网产品新形态。

1.2.4 互联网产品的类型

互联网发展到今天，互联网产品已经十分丰富和多元了。互联网产品的类型也已经丰富多彩、五花八门。按照不同的分类维度和标准，可以对互联网产品有不同的分类。

1. 按用户群类型分类

图1-14 与机器人微软小冰对话

（1）针对个人用户

个人用户就是常说的 2C。很多产品是单独针对个人用户的，如 QQ、微信、网易云音乐等。

（2）针对企业用户

企业用户就是常说的 2B，是主要以一个组织（企业或政府等）为用户对象的产品，但其实落实到最后的操作上，还是个人在使用。比如 IBM、思科，大家都很熟悉，但如果没有用过他们的产品，也不足为奇。这些企业的产品都是针对企业用户的，也就是常说的商业产品。

但也有些产品既针对个人，也针对企业用户，比如微博和微博的开放平台、淘宝的 C2C，因为它的盈利模式是 2C 且 2B 的，所以是混合型的产品。

（3）单边市场产品与多边市场产品

只面向单一用户群体的产品，也称作单边市场产品。也就是说，不管某个产品面向的是 C 端用户还是 B 端用户，只要它只为单一类型的用户提供服务，就都是单边市场产品，比如，像有道词典，它的用户就是单一的有单词学习、查询、翻译的用户，就属于单边市场产品。

以此类推，把面向两个或两个以上用户群体的产品，称为双边或多边市场产品。比如，淘宝就是一个多边市场产品，它至少面向两类用户，一类是消费者，就是通过淘宝买东西的用户群体，另一类是商家，就是在淘宝平台开店铺卖货的用户群体。还有像一些内容类的产品，一般都是双边市场产品，比如微信公众号、抖音，因为这类产品，既要有内容的创作者，又要有内容的消费者，而且这二者是相互影响、相互促进的。只有有人创作出优质的内容，才能吸引更多的人来使用产品消费这些内容；反过来，只有有大量的用户消费内容的需求，才能激励更多的优秀内容创作者去创作内容。

2. 按照为用户提供的价值分类

（1）工具型产品

这类产品主要解决特定的单点问题，比如利用词典查英语单词。这类产品只有当特定的问题出现时，用户才会去使用。常见的工具型产品有：计算器、词典、解压缩软件等。我们生活中经常用到的典型工具型产品有交易时用的支付宝、订机票的携程网、订餐的美团外卖、打车的滴滴等。

（2）社交型产品

这是维系人与人关系的产品，这类产品用户使用频率高、时间长，如 QQ、微信等。当然，社交也有很多维度的细分，比如从是否认识分为熟人或者陌生人社交；从社交介质分为文字、语音、图片、视频等；从共性在哪里分为地域、同学、同好等。

（3）内容信息型产品

这类产品主要为用户提供包括新闻、行业资讯、百科知识、问答、学习等资讯功能，而文字、声音、图片、视频都是常见的内容形态。从最早的三大门户（搜狐、新浪、网易），到后来的视频网站、问答平台，以及时下流行的抖音、快手等都是内容信息型产品，这类产品致力于为用户提供可长时间消费和有价值的信息。典型的产品如新浪、腾讯、网易、搜狐四大门户，以及优酷、知乎等。

（4）娱乐型产品

娱乐包括文字阅读（博客、小说、休闲类文章等）、图片、音乐、视频、应用、游戏等。这方面的公司和互联网网站主要有盛大文学、盛大游戏、腾讯图片、网易云音乐、抖音、QQ 游戏等。

（5）交易型产品

这类产品主要指的是电子商务，其主要功能就是做生意、买卖东西，如天猫、淘宝网、京东商城、美团等都属于交易类产品。

（6）综合型产品

这类产品就是集多种角色于一身的产品形态，是一种你中有我、我中有你的产品。例如，微信，它在满足单对单沟通时是工具，群是典型的社交，公众号里面有内容，微店加进去是交易，微信支付是工具，还有游戏，等等，整体又是平台。再如大众点评，只找餐馆是工具，上面的店铺信息可以看作内容，卖优惠券可以是交易，评论内容有社交属性，整体是平台。

3. 按承载平台分类

（1）个人主机产品

个人主机一般指的是 PC。互联网的发展，也经历了从 PC 到 Web 再到移动。这类产品的代表有：360、金山、微软、迅雷等。

（2）Web 产品

Web 产品就是以网页为主要承载的产品，用浏览器访问的产品几乎都为 Web 产品。当然，有些产品，既有 Web 形态，也有客户端、移动端等形态。

（3）移动应用产品

移动应用产品，主要是指在移动设备安装和运行的产品，现在每个人手机里都装有很多 APP，通过 APP 获取信息和服务。但移动应用领域很广，比如 Pad，还有电商需要的 POS 机、拉卡拉终端、智能 GPS 等。

（4）商用主机平台

这类平台最常接触的是 ATM 机，它用了特殊的 Windows 系统。还有铁路自动售票机、云计算、企业 CRM 等，都是互联网产品，都基于商用主机平台。这类产品最强调稳定性，可以想象，如果银行的自动柜员机 ATM 容易出现漏洞，那对于银行和个人的财产将是多么危险的事情。

（5）嵌入式产品

随着技术的发展，有了物联网之后，嵌入式产品也可以纳入互联网产品的范畴。如智能车载系统，再如远程操控的家电。传统 IT 企业都在借互联网思维武装自己的产品，普通消费者也越来越体验到了其中的便捷。

1.3 互联网产品的盈利模式

互联网产品只有满足了用户需求、为用户提供价值，并且在此基础上能够为产品生产和运营方带来利润，才能持续运转下去。概括起来，互联网产品最基本的盈利变现模式主要有四种，分别是广告、增值服务、电商卖货和平台抽成。

1.3.1　广告

　　当一款产品上聚集了大量用户之后，这个产品就相当于一个可以聚集人气的虚拟集市。在这里不时有来来往往的人流，有人聚集的地方就是绝佳的打广告的地方，这时就可以吸引其他企业来投放广告。例如，在使用 QQ 聊天时，聊天窗口中就嵌入了其他企业的广告，如图 1-15 所示。决定广告能不能卖上高价的因素，主要有：流量规模大小，即活跃用户是否足够多；流量是否可以根据用户特点精准投放，即广告投放后的转化率高、收益好的话，广告的价格就高。

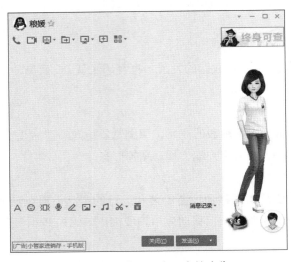

图1-15　QQ聊天窗口中的广告

1.3.2　增值服务

　　这是一种基础功能免费、增值服务收费的模式，即在普遍免费的产品功能之上，有一些更优质的功能或服务，是需要付费开通的。开通增值服务或功能后，可能意味着更长的可使用时间、更大的使用空间、更少的使用限制、更多的特权功能、更快的经验成长、更明显的特权标识等。例如，在使用优酷、腾讯视频等视频网站时，如果开通了会员，就可以获得"跳过不看广告、看一些最新的热门影视剧"等特权，如图 1-16 所示。

1.3.3　电商卖货

　　电商卖货，就是直接向用户卖东西实现营收、赚取差价，即低价进货、加价卖货，这时考验产品运营方的是如何让用户愿意花钱。常见的提高付费转化的方式有：限时优惠、消费满 X 元减 Y 元等。例如，当下比较流行的抖音、快手等短视频应用，只要你运营一个短视频账号，积累一定粉丝，就可以通过开通电商店铺或者直播实现卖货的目的，如图 1-17 所示。

图1-16 优酷会员特权

图1-17 电商变现举例

1.3.4 平台抽成

平台抽成，就是用户借助互联网平台开展交易类的行为，而平台根据交易的数额按比例收取一定的服务费。这种变现模式常见于一些双边市场且有交易产生的平台型产品，比如，滴滴上的司机在收取乘客的车费中，有一部分就要作为抽成上缴给平台；还有一些在线教育平台，当课程讲师在平台上向学员卖出一门课程时，平台要抽取课程费中的一部分作为服务费。

1.4 互联网产品设计者——产品经理

随着互联网及互联网产品对人们生活、生产各方面的影响和渗透，产品经理这个角色变得越来越重要。在互联网企业里，产品经理也成为不可或缺的职位。在企业招聘市场，对产品经理的需求也与日俱增，整体呈现出人才稀缺的情况。本书后续的叙述中，我们把从事互联网产品设计的人员，不管是刚入门的初级产品设计人员还是已经到达一定水平的高级产品设计人员，统称为产品经理。

1.4.1 产品经理的由来

产品经理一词，虽然在互联网行业被炒得火热，但它真正诞生于日化行业。据查，这个概念诞生于 1931 年，创始者是美国宝洁公司负责佳美香皂销售的麦克爱尔洛埃。

1926 年，宝洁公司开始销售一种与象牙香皂相竞争的佳美香皂，尽管使出了浑身解数，也投 入了大量的广告费用，但一直销路不畅。负责销售工作的麦克爱尔洛埃通过研究发现，由几个人负责同类产品的广告和销售，不仅造成人力与广告费用的浪费，更重要的是对顾客容易造成顾此失彼。于是，他向公司的最高领导提出一种品牌一个经理的建议，就是一个品牌经理必须把产品的全部销售承担起来。

这一建议，一举拓开了宝洁公司的多种产品的销售市场，而且拉长了各种产品的生命周期，如潮汐洗涤剂行销 40 多年，浪峰牙膏行销 30 多年，佳美香皂行销 60 多年，而象牙香皂行销 110 年以上，宝洁也由此成为拥有 38 个消费品大类的大企业。"品牌经理"制度，为市场营销带来一股清新之风，美国庄臣公司、美国家用品公司等世界众多大公司都先后采用了这一制度，对产品销售进行全方位的计划、控制与管理，减少人力重叠、广告浪费和顾客遗漏，有效地提高一个或几个品牌在整个公司利润中的比率，提升品牌的竞争力和生命力。

随着宝洁进入中国，"品牌经理"制度也跟着进入，并且迅速被中国的本土企业所效仿。

随着时间的推移和中国本土管理模式的融合，在职责和名称定义上也发生了变化，"品牌经理"又被称为"产品经理"。通常而言，产品经理是产品成败的第一责任人，对产品整个生命周期的所有事项负责，并对产品创造的利润、销售额和市场占有率承担重要责任。从根本上来说，产品经理这一角色主要是要保证产品投资收益最大化。

1.4.2　互联网产品经理的诞生

互联网产品经理的核心职责依然是对产品整个生命周期内的所有事项负责，只不过其所负责的产品是一种特殊的产品类型——互联网产品，在具体工作过程和任务上，与互联网产品的设计、运营过程密切相关。

互联网产品经理的概念，是随着互联网技术的发展以及互联网产品形态的发展而逐渐流行起来的。在最初的 PC 软件开发时代，完成一个软件项目，主要是解决信息存储、运算效率等实际问题，如可行性如何、性能是否达标、能否如期交付、能否卖得出去。针对这些问题，开发一个软件产品需要的角色主要有：管理、开发、市场。这时项目开展和成败的核心是技术，是技术开发工程师驱动了产品目标的实现。像电子邮件这种简单的产品，主要就是实现通信的功能,这样的产品基本上有一个程序员,就可以按照既有的技术予以开发实现。这时,程序员（即互联网技术开发人员）就可以胜任互联网产品的所有事情。

随着 Web 技术和移动互联网的发展，互联网产品解决的问题不再是单一的企业效率和信息存储问题，而是通过互联网与每个个体用户进行连接并为其提供服务。这时候，用户个体要持续使用你的产品，关注的不仅是能解决问题，而是要求解决的过程要简洁、方便、友好、性价比高……概括起来就是产品体验要好，这就要求互联网产品必须以用户为中心进行设计、开发和运营，需要有一个角色能统揽产品从无到有以及从有到优的发展全局，这个角色就是产品经理，由他来驱动整个产品以用户为中心进行发展，这个过程中的各个环节的角色都要统一到用户的需求和体验上来。

因此，概括起来讲，互联网产品经理是互联网公司中的一种职能角色，负责互联网产品的规划、设计、运营和推广，即对互联网产品生命周期的演化负责。互联网产品经理在互联网公司处于核心位置，需要非常强的沟通能力、协调能力、市场洞察力和商业敏感度。不但要了解消费者、了解市场，还要能跟各种风格迥异的团队（如开发团队和销售团队）进行默契的配合。

1.4.3 互联网产品经理的职责

在互联网产品经理要负责一款产品的全生命周期推进，包括宏观的规划到具体设计，以及后续的开发、上线发布、运营改进等。

具体来讲，互联网产品经理的工作内容涉及互联网产品从概念阶段到设计开发、推出上市再到最后迭代升级的全过程，其主要的职责如表 1-2 所示。

表1-2 互联网产品经理职责

职责模块	职责点	说　明
市场研究	市场调研与分析	发现并掌握目标市场和用户需求的变化趋势，对未来几年市场上需要什么样的产品和服务做出预测
	竞品体验与分析	收集竞争对手的资料、试用竞争对手的产品，从而了解竞争对手的产品
	用户研究	通过定性（用户访谈）、定量（调查问卷）等分析方法对用户需求进行挖掘和分析
产品定义与设计	产品规划	确定目标市场、产品定位、发展规划及路线图
	需求管理	对来自市场、用户等各方面的需求进行收集、汇总、分析、更新、跟踪
	产品设计	编写产品需求文档，包括业务结构及流程、界面原型、页面要素描述等内容
	版本管理	维护产品的每个版本的功能列表
产品开发项目管理	需求确认	组织协调市场、研发等部门，对需求进行评估及确认开发周期
	项目协调推进	跟踪项目进度，协调项目各方，推动项目进度，确保项目按计划完成；向领导及相关部门沟通项目进度
	产品体验测试	配合测试部门完成产品的测试工作；BUG管理
产品运行管理	流程梳理	组织客服、运维部门，建立用户问题投诉、意见反馈及其他产品相关的工作流程、分工、响应时间要求
	协调沟通	与公司领导、相关部门协调资源、沟通产品发展规划、产品发展现状及问题
	对外合作	与合作方商讨合作可行性、方案，参与商业合同的编写，跟踪合作项目的进度、完成
市场推广	改进支持	跟踪产品运营过程中出现的故障、问题，并进行总结、分析，制定解决方法或纳入到产品改进计划；协助市场、客服、运维部门，解答或协调解决用户提出的产品问题
	数据研究	组织建立并逐步完善业务数据分析系统，确定数据报表样式，建立日/周/月报制度，整理并定期向相关部门提供产品运营数据；对产品数据进行监控，分析产品运营效果、用户使用行为及需求，以便对产品进行持续性优化和改进
	用户支持	建立产品文档库；编写产品相关文档，如产品白皮书、用户手册、客服手册及其他产品相关文档；编写培训教程，并为公司相关部门、用户进行产品培训、产品演示

职 责 模 块	职 责 点	说　　明
市场推广	产品宣介	协助营销部门，提炼产品核心价值、产品卖点、产品资料，参与制定营销、运营推广方案并提供产品支持
	市场支持	协助市场部门，参与各类产品发布、推广及各类市场活动

所以，具体来说，产品经理就是站在用户的角度考虑问题，挖掘与分析用户需求，以满足用户需求为己任，辅以创意和灵感，进行产品战略规划和设计，通过调动资源，领导和监督产品的设计、开发、上线、推广等一系列流程，并跟踪产品的使用和收集用户反馈，不断迭代优化，给用户带来便捷等价值的同时创造商业价值的人物。产品经理在互联网产品的设计、开发以及运营、优化迭代的整个过程中，发挥着至关重要的作用，是驱动各方面资源集中保证一个产品成功的核心角色。

1.4.4　互联网产品经理的进阶路线

虽然互联网产品经理是负责一款产品的全部生命周期的，但在实际的互联网企业中，并不是所有产品经理都是对产品全局负责的，而是由一个负主责的产品经理带领多个执行不同环节任务的产品经理共同完成一款产品的诞生和运营。

因此，互联网产品经理根据其能力水平及负责的重点工作，又被分为更细化的不同级别，通常包括：产品助理、初级产品经理、中级产品经理、高级产品经理和资深产品经理。这实际构成了互联网产品经理的成长进阶的路径。表 1-3 列出了不同级别的互联网产品经理的主要职责和关键特征。

表1-3　互联网产品经理进阶路线

进 阶 路 线	主 要 职 责	关 键 特 征
产品助理	负责需求分析文档（PRD）编写、界面原型绘制、简单的交互设计等执行性任务	按要求执行
初级产品经理	负责小型产品或大型产品中的一个模块的设计，包括用户研究、功能设计、界面原型绘制等，并与技术团队合作对接所负责的模块的工作	理解用户需求、满足需求
中级产品经理	负责一个完整的产品的设计实现工作，包括产品的战略规划、全局设计、项目管理、需求管理以及跨部门团队管理	管理用户需求
高级产品经理	独立负责一条产品线。除具备中级产品经理的能力外，需要有更多产品以外的知识，比如市场分析、产品规划、运营管理、推广合作等	用户需求延伸、产品迭代优化
资深产品经理	需要具备成功的产品经验，有跨部门管理经验，有战略思维，对产品有自己的思想和远见，并能影响到公司发展方向和运营策略	引领用户需求

从表 1-3 中不同级别产品经理的核心职责、能力要求和关键特征可以看出，从产品助理到中级产品经理，基本都是被动地基于已有的战略和需求，按照专业的工作流程和工具，有序满足用户需求；而高级产品经理和资深产品经理就要化被动为主动，基于自己深邃的洞察力和宏观战略思维，能够跳出眼前的局限，而主动地去做一些前瞻性的预判和引领性的决策。

1.4.5 互联网产品经理的知识地图

古人讲"术业有专攻",既然互联网产品经理作为一个新兴的职业和工作方向,那么,对于其从业者的能力有什么样的要求? 具体来说,一名优秀的产品经理应该包括六个方面的知识和技能,具体如表 1-4 所示。

表1-4 产品经理的知识地图

序号	知识模块	主要内容
1	市场与规划	战略思维 市场敏锐度 产品规划方法 营销基础知识
2	需求管理	以用户为中心思维 调研分析方法 需求管理方法
3	项目管理	项目管理基础方法 项目管理工具应用 成本控制
4	管理与领导力	沟通协调技巧 领导力 解决问题能力 团队管理能力
5	职业素养	创新精神 互联网思维与理念 国际视野 团队意识 英语应用
6	产品与技术	专业技术与工具 产品方法与知识 运营与数据分析方法 新技术演进动态趋势观察与分析

1.4.6 产品经理与项目经理的区别

在互联网产品的设计和开发实践中,还有一个职能角色经常被提起,就是项目经理,而且项目经理和产品经理的简称都是 PM,那项目经理和产品经理有何区别与联系呢?

按照标准的定义,项目经理 (Project Manager),从职业角度是指企业建立以项目经理责任制为核心,对项目实行质量、安全、进度、成本管理的责任保证体系和全面提高项目管理水平设立的重要管理岗位。他要负责处理所有事务性质的工作,也可称为"执行制作人"(Executive Producer)。项目经理是为项目的成功策划和执行负总责的人。项目经理是项目团队的领导者,其首要职责是在预算范围内,即资源、条件有限的情况下,按时优质地领导项目小组完成全部项目工作内容，并使客户满意。为此，项目经理必须在一系列的项目计划、组织和控制活动中做好领导工作，从而实现项目目标。

　　在互联网产品的设计与开发过程中，项目经理主要负责在有限的资源和条件下，按时完成产品的开发，确保产品开发项目目标的实现。结合之前我们对产品经理的职能理解，可以发现，产品经理和项目经理的职责都涉及产品开发实现，但二者的重心不同，产品经理的核心工作在于开发什么样的产品，是提出开发目标和要求的人；而项目经理的核心工作在于怎么开发符合要求的产品。用一句简单的话概括产品经理和项目经理的核心区别，那就是：产品经理负责"做正确的事"，而项目经理负责"把事做正确"。

思考与练习

　　1．概念解释：产品、产品经理。

　　2．请借助互联网探究：Web 1.0与Web 2.0的区别与联系。

　　3．请简要概述互联网产品经理的主要职责。

　　4．请借助互联网探究：哪些你经常使用的产品是单边市场产品，哪些是多边市场产品，并说说他们的目标用户群体是谁。

拓展资源

资源名称	《修炼优秀产品经理必读经典书单》	资源格式	文档
资源简介	成为优秀产品经理必须要具备的基础支撑知识的图书清单		
资源获取	1.扫一扫前言中的二维码，并关注公众号； 2.在公众号里回复关键字：产品书单		

第2章
理解互联网产品的用户体验要素

在互联网产品的设计过程中，我们不能仅仅聚焦在产品的感官和功能上的表现，因为设计精美、功能正常的产品，用户并不一定就喜欢并且使用。比如电商网站设计非常漂亮，同时也具备下单购物功能，但是如果用户花了很长时间也没搞明白付款流程，不知道怎么完成支付，给用户的挫败感并不是用精美设计就可以弥补的。这种挫败感就是一种体验，而且是一种负面的、糟糕的体验。

我们在进行产品设计时，往往会走"外形服从于功能"的路子，但正确的产品形态绝对不是由"功能"所决定的，而是应该由"用户自身的心理感受和行为（即用户体验）"来决定。这就是说，要考虑到用户有可能采取的每一个行动的每一种可能性，并且去理解在这个过程的每一个步骤中用户的期望值。把用户这个角色融入产品设计过程中后，就是上升到"用户体验设计"，即以用户为中心的设计。某种意义上讲，进行产品设计是要解决用户的某个问题或需求，而注重用户体验要求不仅解决问题，而且还要更好地能让用户满心欢喜地把问题解决掉。

接下来，我们聚焦于理解互联网产品的用户体验的内涵，并从互联网产品设计的过程来讨论互联网产品的体验构成要素，即影响用户对互联网产品体验的因素到底来自哪些方面以及这些因素之间的相互关系是怎样的，从而再来探索如何进行优质的用户体验设计。

2.1　体验的内涵

"体验"这个词是我们近几年常常听到的热门词汇。它不仅成了工商企业狂热追踪的目标，还成为互联网科技媒体、报纸杂志等连篇累牍探讨的对象，成功地吸引了每一个互联网参与者。要想在互联网时代赢得先机、赢得成功，提升用户体验是非常重要的。然而，如何做到这一点仍是个大问题。原因并非它难以做到，而是大多数情况下，我们并没有真正弄清楚什么是用户体验。

从价值提供与消费的角度来讲，究竟什么是用户体验呢？ISO 9241—210 标准将用户体验定义为用户在使用一个产品或系统之前、使用期间和使用之后的全部感受，包括情感、信仰、喜好、认知印象、生理和心理反应、行为和成就等各个方面，如图 2-1 所示。通俗来讲就是"这个东西好不好用，用起来方不方便”。

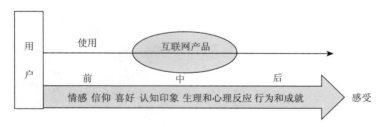

图2-1   互联网产品用户体验

由此可见，体验源于用户与产品或服务以及产品或服务提供者之间的互动。从定义上来说，没有用户的参与，体验就不可能发生，这是很关键的一点。因此，这需要生产者思维方式的转变，这种转变意味着把用户的身份从旁观者提升为参与者。一旦用户与产品或服务有互动发生，用户就会有反应，这些反应表现出来的就是一种感觉或期望。当然，这些反应也许是积极的，也许是消极的。如果反应是负面的，那就会使体验大打折扣；如果这种反应是正面的，则又会使体验提升到更高的层次。

毫无疑问，用户当然希望得到正面的、具有正向价值的体验。所以，互联网思维所流行和倡导的用户体验思维逻辑就是，让用户的价值最大化，降低用户痛苦，让用户高兴、快乐和幸福。这应是互联网时代做产品、行为处事的又一重要指导思想。比如，腾讯产品被广泛应用于中国最广大的网民，在如何保证其用户体验的问题上，腾讯的产品体验首先要做到的就是永不掉线。可以想见，如果你使用微信与家人或朋友聊天，时不时就掉线，那将是一种多么糟糕的体验，必然会使你的情绪受到影响。所以，永不掉线就是保障用户体验的基本前提，是降低用户痛苦的表现、维护用户快乐和幸福体验的表现。

2.2   设计美好体验的原则

在开放连接的互联网时代，一切都充满了无限可能，人们的选择也就空前得到拓宽，随之人们对产品或服务的体验要求也越来越高。不像在过去相对封闭、资源相对欠缺垄断的时代，人们总是以为好多事情就是理所当然，不能改变。然而，到了信息高度发达、高度共享的互联网时代，这一切都被打破了，人们总是期望有更好体验的产品和服务为己所有、为己所用。然而，究竟什么是美好的体验呢？美好的体验如何设计和打造呢？

2.2.1   让用户有获利的满足感

互联网时代是一个开放的低门槛时代。利用互联网思维做企业的人们，乐意于为人们提供免费的产品或服务。360安全卫士靠免费重新建立计算机安全霸权地位，还有许许多多的移动互联网应用都免费向用户开放使用。所以，人们纷纷以为，免费是互联网思维的必然特征。其实，这只是抓住了表象而已，免费之所以大受欢迎、屡试不爽，深受用户喜欢，其背后的本质原因是免费让用户有另一种获得利益的满足感。既然是对获利的满足感，就包含了一个前提，只有你免费提供给用户的东西对用户来说是有利益的，才能发挥效果，也就是说，免费但必须对用户有价值才行。如果免费提供的是垃圾，万万是不会俘获用户的。

抓住了这个本质，就要去分析，究竟该如何让用户有获利的满足感呢？在前文我们指出了体验是互动的过程，用户是每次体验的参与者。当用户购买或使用某一产品时，他们需要耗费一定的时间、钱财、体力、精力、情感等，我们可以把这些称之为成本。作为交换，人们都期望得到一定价值的回报。也就是说，用户做出了牺牲，付出了成本，并期望能以此获得回报。

那么，为了创造出最好的价值体验，企业需要尽可能地减少用户成本，增加其可能的收益。只有当用户的收益大于成本时，对用户来说才能产生利益价值，才能让用户有获利的满足感，如图2-2所示。

图2-2　获利感公式

所以，尽力减少用户的成本，且增加用户收益，是提高用户体验的根本所在。

2.2.2　让用户觉得简单、有趣、易参与

简单、简约、不复杂，是易参与的前提。要想成就优秀的用户体验，那么要将产品简单化、人性化，使得用户在使用产品时，就好像把产品当成好朋友间的交流与对话，从而产品能够被用户在使用时进行完整的交互和体验。其实，这一点的本质与上述减少用户成本的要求是一致的，是上述要求的具体实现方法。在互联网带来各种资源极度丰富、各种竞争极具激烈的时代，越简单、越好玩的东西，越受用户喜欢。这甚至成为互联网时代做任何事的常识性要求。给上司领导汇报工作（此时，领导就是你服务的用户），要简单扼要、突出重点，没有哪个上司会浪费大量的时间去听你复杂的一塌糊涂的汇报。

随堂案例

冰桶挑战助力慈善

【案例还原】

2014年，一个叫"冰桶挑战"的慈善捐助活动在互联网的助推下，火爆全球。所谓冰桶挑战全称为"ALS冰桶挑战赛"（ALS Ice Bucket Challenge），要求参与者在网上发布自己被冰水浇遍全身的视频内容，然后该参与者便可以要求其他人来参与这一活动。活动规定，被邀请者要么在24小时内接受挑战，要么就选择为对抗"肌肉萎缩性侧索硬化症"捐出100美元。

该活动旨在让更多人知道被称为渐冻人的罕见疾病，同时也达到募款帮助治疗的目的。活动一经发起，迅速在社交网络上掀起一股热潮，众多企业大佬和演艺、体育界的名人纷纷响应，而且跨越国界，在全球流行。由于有众多名人的参与，所以这个活动在社交网络上瞬间蹿红。世界上众多球星响应，并且相互点名，凯尔特人队主帅布拉德·史蒂文斯、美国男篮主帅迈克·沙舍夫斯基、尼克斯队后卫JR·史密斯、湖人队控卫史蒂夫·纳什、热火队的韦德、骑

士队的詹姆斯等一众球星纷纷在社交媒体上传了"冰桶挑战"视频。在科技圈也有众多大佬参与，比尔·盖茨、马克·扎克伯格、埃隆·马斯克、蒂姆·库克等也接受了挑战。搞笑的是，有众多名人点名要挑战奥巴马，而奥巴马则交了 100 美元，未接受挑战。

后来，此项活动传入中国，也得到商界以及演艺娱乐等其他圈子的名人诸如李彦宏、周鸿祎、潘石屹、章子怡等名人的响应。发起此活动的慈善机构也因此活动的宣传效应，收到很多善款捐助。

如果我们把该活动理解为 ALS 的一个产品的话，无疑是获得了巨大的成功，不仅成功让全球的人们了解并关注到什么是"渐冻人"症，还获得了数目可观的善款捐助。

【案例分析】

我们可以从用户体验的角度去分析和解读"冰桶挑战"活动所取得的成功。

首先，是这个活动的娱乐性。这个活动是一个很有趣的活动，而且活动的目标愿景也是善良的。在这个追求趣味、追求娱乐的互联互通时代，是没有人会拒绝娱乐的，因为娱乐能使人身心愉悦，得到一种情感上的满足；加之该活动目的的从善性，进一步满足了人们在道德上的满足感。从身心和道德品质两个层面，都可以得到满足感，这是多么美好的价值体验，怎么会有人拒绝呢？

另外一个重要因素，是决定该活动能够火爆流行的重要基础。那就是该项活动简单，易参与。真正流行的事，参与起来一定要简单。让人去游泳几千米然后拍下来，或者让人做五分钟平板支撑拍下来，都不那么容易，未必人人做得到，拍个几分钟的视频再上传，也很难证明参与者真正能做到。浇一桶冰水，多容易。不拘时间，不限场地，不限穿着，兜头浇下来，一切就搞定了。一个简单的活动，使参与者的成本大大降低了，参与者只要付出极小的代价，就能获得娱乐的愉悦感，受到因为响应慈善活动带来的赞誉。怎么算起来，都是收益大于成本的事情，自然体验是极好的。

当然，除去上述两个因素，全面开放的互联网所开拓的社交网络也是此项慈善活动能够火速流行的重要因素。在该活动的规则中，本身就设定了在社交网络展示和点名其他朋友参与的规则，这使得线下的社会关系通过线上社交网络迅速得以融合，迸发出效益倍增的效应。所以，这里还可以得出一个启示就是，全面互联的社交时代，好的用户体验一定要在产品或服务设计中充分体现社交性。

2.2.3　让用户有新鲜感

"冰桶挑战"游戏还有一个重要的特点是，第一次有人用一种游戏化、娱乐化的手段来做慈善。这是很有创意的，它打破了以往所有的慈善宣传和推广形式，让人有耳目一新的感觉。这种新鲜感，对于人们是有天然吸引力的，它满足了人们好奇的天性。人们对未知的或反常的事物总是抱有巨大的好奇心理。当我们走在大街上，遇到围观的人群，总是不由得也有上前一窥究竟的好奇欲望。

让用户有新鲜感的另外一层意义在于差异化，我们对于与众不同的事物总会表现出极大的兴趣。对于人的这些心理需求的满足本身对用户来说就是一种价值。当然这里有一个前提，不管是要通过差异化或是反常来提升用户的体验，必须要保证这种新鲜对于用户而言是有正面价值的，即用户获取这种新鲜感的收益要大于成本。如果说你与别人的东西的确保证了极大的差异，却是一种负面的、退步了的差异，那对用户而言，是没有任何价值而言的，其体验必然是糟糕的。

2.2.4 让用户有美的享受

所谓美，最本质的意思是指通过味、色、声、态等感知到的好。由此可见，要想让用户有美感，可以从视觉、听觉、嗅觉、触觉等各个层面去打造。

从外观上来讲，得有板有眼，在符合基本审美规律的基础上，有让人一睹之后就产生清新脱俗、赏心悦目的视觉美感。

有些产品还需要从听觉上去体现美，比如智能手机的音质也有好坏之分，不同手机给人的听觉享受是不同的，通过高端旗舰手机播放出来的声音与同类其他低端手机产品相比，就是胜出一筹，让人享受美好的听觉盛宴。

产品如果是食品，闻起来清香远远扑鼻而来，吃起来美味无比，这种嗅觉和味觉上的美好体验，定会让人留恋不已。

一些有形产品，其形态所带给人的触感也是评判其体验好坏的重要指标，以智能移动终端产品来说，人们对工艺的追求已经到了炉火纯青的地步，工艺好不好的直接评判就是，用户的手感好不好，即是否能够给用户带来舒适的触觉体验。

只有从这些方面做得出众，做到极致，才能使用户在体验上有美的享受，从而获得用户的赞美和喜欢。正所谓爱美之心，人皆有之。

例如，在我们的生活中，武汉著名小吃鸭脖特别受欢迎。很多人都特别喜欢吃这种小吃，所以全国到处开满了周黑鸭或武汉久久鸭的鸭脖店。这种鸭脖之所以深受人们的喜爱，源于其时时散发出的扑鼻的绝佳味道。人们每每路过这些小店的时候，远远就能闻见那股香味扑面而来，不由得被吸引着上前一尝究竟，尝一口，更是超级美味的味觉享受，这种美好的体验就是从人们的嗅觉和味觉下功夫的。

总之，在设计一款互联网产品的过程中，要想打造极致的用户体验，就要做到让用户收益大于成本，而这其中最为关键的总原则是站在用户的立场上"想用户之所想，急用户之所急"，甚至要做到把用户没有想到的也想到、做到，为用户提供超乎用户预期的价值体验，这样才能赢得用户、征服用户。

2.3 用户体验构成要素

2008 年，加瑞特（Jesse James Garrett，美国用户体验咨询公司 Adaptive Path 的创始人之一）编写的《用户体验要素：以用户为中心的产品设计》一书在我国引进出版，如图 2-3 所示。

该书用简洁的语言系统地诠释了设计、技术和商业融合是最重要的发展趋势。全书共 8 章，包括关于用户体验以及为什么它如此重要，认识这些要素、战略层、范围层、结构层、框架层、表现层以及要素的应用。全书用清晰的说明文字和生动的图形分析了以用户为中心的设计方法（User Centered Design，UCD）以及用该方法来进行网站产品设计的复杂内涵，并关注于思路而不是工具或技术，从而保证我们设计的网站产品具备高质量体验流程。

图2-3　《用户体验要素（第二版）》封面

根据书中的思路，用户体验的设计流程，可抽象为五个层面，这五个层面可划分为十个组成要素，这十个要素构成一个互联网网站产品设计的关键设计要点。

2.3.1　五个层面

书中设计用户体验的五个层面的具体内容，如表 2-1 所示。

表2-1　设计用户体验的五个层面

名称	解释
表现层	一系列的网页，由图片和文字组成。我们平时最容易注意到的，也是最浅在的层面是表现层，比如说我们看到一个产品时，它的背景颜色，或者是某个图标的样式好不好看，这些都是用户体验的表现层
框架层	框架层是将上一层，即表现层的内容，比如按钮、表格、照片、文本域等要素在产品上的位置进行布局，达到这些要素的最大效果和效率
结构层	结构层是产品结构的具体表现方式，也就是用来设计用户如何到达某个页面，并且在实施完某个功能后又到达某个页面，这就是我通常讲的"交互设计"
范围层	网站的特性和功能边界，提供哪些不提供哪些。范围层就是决定产品的特性以及每个需求对应的具体功能，一个功能是否应该成为这个产品的功能之一，这就是我们在范围层上考虑的内容
战略层	包括两个角度：经营者想从网站得到什么、用户想从网站得到什么。在范围层，我们凭什么决定哪些功能的存在，以及判断它们的优先级呢？这就需要战略层面上的内容了。战略层是制定用户所要达到的战略目标，同时围绕这些目标决定产品的需求，这需要同时考虑到企业和用户，是比较宏观方面的

需要注意的是，这五个层面的相互关系及操作流程应遵循以下原则：

1. 自下而上地建设

这五个层面相互联系，构成用户体验的基本架构，自下而上建设，逐渐从抽象到具体，每个层面都是根据它下面的那个层面来决定。表现层由框架层决定，框架层则建立在结构层的基础上，结构层的设计基于范围层，范围层是根据战略层来制定。因为实践证明，当我们做出的决定没有和上下层面保持一致时，项目常常会偏离正常轨道，完成日期延迟，使得项目目标大打折扣。

由此可见，在进行互联网产品设计时，首先要从战略层开始。在这个节点，要完成产品的定义，即要回答"为什么要做这个产品"这个问题。这是设计一款产品的根基，决定了产品设计实践过程的方向，后续的功能以及交互样式和色彩等都是基于这个根基的具体化和贯彻落实。如果方向不定，就有可能陷入舍本求末、无从下手的境地。

2. 双向的互动反应

并不是说如表 2-1 所示的每个底部层面上的决策都必须在设计较高层面之前做出。事物都有两个方面，在"较高层面"中的决定有时会促成对"较低层面"决策的一次重新评估和修正。比如在进行范围层的设计时，由于某种发现而决定对战略层进行重新调整。所以说，在整个设计流程中并不是一种线性的机械化过程，而是一种动态的双向互动进而迭代进化的过程。

3. 抽象决定具体原则

任何一个层面中的工作都不能在其下层面的工作完成之前结束，例如，在框架层的内容没有完全明确的时候，表现层的工作就不能结束，因为表现层的设计是由框架层决定的。只要我们在战略层做出了修改和调整，那么必然导致上面范围层、结构层、框架层以及表现层的连锁性调整。

2.3.2　五个层面的十个组成要素

Web 发明至今，发生了翻天覆地的变化，早已超越当初发明者用于简单的信息分享的目的。当网页作为软件的界面时（B/S 模式，功能型产品），人们从应用软件（桌面软件）的设计问题考虑网站的开发；当网页作为超文本系统时（信息型产品），人们从信息发布、检索角度来考虑网站的开发。甚至，有些网站兼具这两个领域的特性。这两种考虑问题的模式，基于自己的领域都会产生自身的一套专业术语，这给沟通带来极大不便。为了高效沟通，统一概念模型，把用户体验的五个层面，按功能型产品（关注的是"任务"）和信息型产品（关注的是"信息"）划分，将每个层面需解决的问题进行切分，这就形成了十个组成要素，如图 2-4 所示。

应用图 2-4 中这十个要素时应注意以下问题：

把用户体验划分成各个方块和层面的模式，非常有利于去考虑用户在体验中有可能遇到的麻烦。但是在现实世界中，这些区域之间的界限并没有那么明确。最常见的情形是，很难鉴定某个用户体验的问题是否可以通过重视这个要素或那个要素去解决。在某个层面中，不考虑其他要素的影响，单独评估在某个要素上所做的改进产生的效果是很困难的。

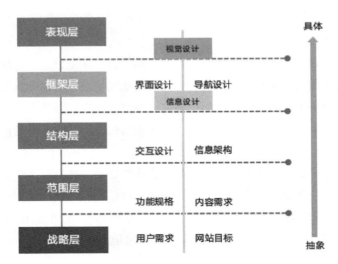

图2-4　用户体验设计的十个要素

与此同时，在用户体验设计过程中，技术决定了我们所能提供给用户的体验状态。技术是在变的（比如 Html 语言已经发展到了 Html 5 的阶段），但用户体验的基本要素始终是不变的。

再者，我们还需关注到内容的重要性：用户不会仅仅为了体验导航的乐趣而访问网站，网站提供的内容才是重要的角色。比如淘宝所提供的琳琅满目、物美价廉的商品；知乎上有深度、有见解的问题答案。

最后，一个陌生用户在看网站（或者第一次进入网站开发过程）时，关注点在五层模型中最靠近顶部的、更显而易见的要素上，即集中在表现层及其附近。但值得指出的是，那些需要更仔细审查才能感知的要素（战略层、范围层、结构层）在决定用户体验的最终成功或失败方面扮演了必不可少的角色。大多数情况下，在上一级层面中的错误可以被更低一级层面的成功所掩盖。如果在网站开发的时候，始终从完整的用户体验出发，那么最后得到的网站就是一份有价值的资产。每一件与网站的用户体验相关的事情都是经过有意识地、明确地决策的结果，只有这样才能确保这个网站能同时满足战略目标和用户需求。

2.4　用户体验要素的应用

用户体验的要素模型清楚地给出了一个网站产品设计的基本思路和流程，接下来我们对这些要素在具体网站产品设计中的应用做一些介绍。

2.4.1　战略层设计

任何一款产品，都是先从一个想法出发，从概念构思开始，这就是战略层设计的任务。这时需要解决产品目标和用户需求两个问题，一款产品被创造出来或者通过功能改善出来，背后必然有一套动机。从公司的角度看，是这款产品能不能给公司带来利益，其中影响力、品牌、收益都是其中考虑的因素；从用户的角度看，是产品能不能给用户创造价值，这些价值从小的方面看，是满足了用户哪些需求，帮助用户改善了什么；从大的方面看，是产品能不能创造什么社会价值，比如提高生产率、增加社会财富等。

所以，战略层的主要任务是确定以下两个问题：

① 我们要通过这个产品得到什么？即确定产品目标。

② 我们的用户要通过这个产品得到什么？即界定用户需求和目标。

1. 确定产品目标

确定产品目标就是用尽可能具体的词汇来定义我们期望产品"本身"能完成的事情。比如企业网站的存在是为了满足两种意图当中的一个：替公司赚钱或替公司省钱，有时它同时要满足这两个目标。再比如，支付宝的设计最初目标是为了服务淘宝网的线上支付，实现商户和用户之间的资金中转站的作用，从而使客户对淘宝有安全感，放心地在淘宝上购物，这就是淘宝（公司）想要得到的结果。当然，后来支付宝的目标定位可能不仅仅是为放心购物服务，还要为用户提供金融理财服务。

2. 界定用户需求

在产品的设计过程中，准确把握用户需求是极其重要的。产品设计者往往主观地认为自己很了解用户的需求，但常常只是体现了自己的意志。所以，只有投入时间去研究用户的需求，才能抛弃自己立场的局限，真正从用户角度来重新审视产品。

在开展这项工作时，首先要寻找目标用户，即确定目标用户群，对用户从以下方面进行画像：

① 姓名。

② 年龄。

③ 家庭状况。

④ 收入。

⑤ 工作。

⑥ 用户场景 / 活动。

⑦ 计算机技能 / 知识。

⑧ 目标 / 动机。

⑨ 喜好。

⑩ 人生态度。

⑪ 社会身份 / 角色。

⑫ 其他。

对用户进行细分画像，可以发现不同用户群有不同的需求，有时候这些需求是彼此矛盾的，我们无法提供一种方案同时满足不同用户的需求，要么选择针对单一用户群设计而排除其他用户群，要么为执行相同任务的不同用户群提供不同的方式（比如电子商务网站的"放入购物车"和"立即购买"按钮），不论选择哪一种，这个决策将会影响日后与用户体验相关的每一个选择。

其次，要进行用户调研，收集用户的想法和建议。比如可以采用问卷调查、用户访谈、焦点小组等方法，收集用户的普遍观点与感知；采用用户测试或现场调查、任务分析等方法，理解具体的用户行为以及用户和产品交互时的表现。在此基础上结合产品目标，进行分析判断，形成用户调研报告，界定清楚用户的需求。

总之，战略应该是设计用户体验的流程中的起点，但是也不意味着在项目开始之前战略需要完全确定下来，战略也应该是可以演变和改进的。当战略被系统地修改或校正时，这些工作也将成为贯穿整个过程持续的灵感创意源泉。

2.4.2 范围层设计

范围层，在功能型产品方面，考虑的是功能需求规格，即哪些应该被当成软件产品的"功能"以及相应的组合。在信息产品方面，考虑的是内容，这属于编辑和营销推广的传统领域。

我们不能无止尽地为产品增加新的功能和内容，所以在范围层我们就需要明确需要添加的功能和内容。为此，要以文档的形式列出具体的功能列表和内容需求，这样项目就有了一个可以预期的具体目标，并以此为依据制订合理的日程安排和计划。

用文档记录具体的功能列表和内容要求，首先可以让我们明确需要做什么，即知道项目的目标是什么，什么时候达到目标；团队各成员责任分配明晰，知道各自该干什么；大家都能看清范围层中各项要求之间的内在联系。

同时，也可以让我们明确不需要做什么。许多功能听上去都相当诱人，但是它们对于项目的战略目标并不是必需的。此外，所有在项目开始如火如荼地进行时，关于功能的，或其他各种各样的可能性都会浮现出来。当这些想法出现的时候，用一个文档来记录它们，可以为我们提供一个评估这些想法的框架。为了不陷入可怕的范围蠕变（Scope Creep），我们必须用文档来说明项目要求。

在书写功能规格时，需要遵循以下原则：

① 乐观：描述这个系统将要做什么事情去"防止"不好的事情发生，而不是描述"不应该"做什么不好的事情。例如，"这个系统不允许用户购买没有风筝线的风筝。"应替换成下一句："如果用户想购买一个没有线的风筝的话，这个系统应该引导用户到风筝线页面。"

② 具体：尽可能详细地解释清楚状况，这是我们能决定一个需求是否被实现的最佳途径。例如，"该网站要使老人可用。"应替换成"该网站要使城市里 60 岁以上、75 岁以下有电脑操作基础的老人可用。"

③ 避免主观的语气（有参考标准、量化定义功能）：需求必须可验证，找到某种方式来明确说出应该达到的标准。也可以用量化的术语来定义一些需求，通过这样的手段避免主观性。例如，"这个网站应该符合设计主管所期望的时尚。"应替换成"网站的外观应该符合企业的品牌指南文档中的规定。"

总之，在范围层，要从讨论战略层面的抽象问题——"我们为什么要建这个网站？"转而面对一个新的问题："我们要建设什么？"

2.4.3 结构层设计

结构层用来设计用户如何到达某个页面，在用户操作之后能去什么地方，主要包括交互设计和信息架构两个方面。具体来讲，就是确定各个将要呈现给用户的元素的"模式"和"顺序"。

1. 交互设计

关注于描述"可能的用户行为"，同时定义"系统如何配合与响应"这些用户行为。简单地说，就是产品如何设计才能使用户很容易理解和轻易上手使用。交互设计的关键在于以用户行为为导向，顺应用户的思维和习惯。具体来说，可以从以下几个基本原则出发进行交互设计：

（1）以用户为本而不是以自我为中心

简单地说，就是需要有针对用户的同理心，能够进行换位思考，而不是仅仅从自己的主观设想出发。体会用户的立场和感受，并站在用户的角度思考和处理问题，把自己置身于相关的用户场景中，理解用户的行为特点和行为差异，对于交互设计至关重要。

（2）简洁易理解

简洁是在设计师深刻理解用户需求的基础上，根据用户的操作行为、信息架构等因素深思熟虑后的用户交互界面，界面不是产品功能的简单"堆砌"和界面信息的杂乱"摆放"，而是一个满足了用户特定需求、具有流畅操作、赏心悦目的界面。

比如：在早期互联网产品设计中，很多网站的注册页面中，排列了许多需要用户填写的必填或者选填的表单，显得页面特别烦琐和复杂。其实这些都不是用户想要的，用户需要一个页面上只有简单的一到两个必填的项目，可以让用户以最快的速度完成相关表单的填写，以便尽快完成网站注册的简洁页面。但是设计者却基于保存用户资料数据、商业和运营的考量，设计出一个复杂的注册页面，强迫用户做对于用户来说没有意义的事情。

（3）给用户自主权、可控感

要让用户知道产品的决定权是在用户自己手中，不要和用户抢夺控制权，要谨慎地帮助用户做一些决定，很多时候还要让用户自己进行判断，并进行操作。但往往网站出于商业、营销等层面的考虑，会帮助用户做决定，引导用户做一些他所不愿意或者反感的事情。这些举动严重干扰了用户的操作进度和用户目标的完成。

例如，在社交网站中，当用户编辑完一篇内容顺利发布后会出现发布成功页面，该页面自动跳转到已发文章列表页面。但是一些用户其实发完是想看该文章的详情页面，以了解回复或者留言情况，还有一些用户想再次编辑一篇新文章，可能只有少部分用户希望回到首页。所以系统自动跳转到已发文章列表页面就让很多用户感觉不便，让用户产生很差的使用体验。其实可以在发布成功页面不做任何跳转，在该页面上添加几个用户可能要去的页面链接，这就是把决定权还给用户。

把决定权还给用户，体现了对用户的尊重，让用户知道产品是掌握在用户自己手中，产品只是辅助用户完成他之前设定需要完成的目标或任务，只有这样才是给用户带来尊重感、安全感，给产品带来很好的使用体验。

（4）促进用户利益最大化

在用户使用网站时，设计合理的页面可以帮助用户完成一些事情，这就可以让用户更省心、更有效率地完成他的目标，从而实现用户利益最大化。

比如在电子商务网站上，卖家在发布产品时要选择类目，如果以前多次发布过相关的类目，现在再发布时，系统会根据他以往的发布情况直接给出他要的类目，与此同时再给他一个选择全部类目的入口，便于卖家快捷地发布商品。

帮助用户促成其利益最大化，其实就是充分利用网络系统的一些运算、速度上的一些优势，辅助用户在网上完成相对复杂的任务，可以让用户快捷、方便地完成任务。

（5）动态看待用户

用户的使用经验也会随着互联网行业和网站的发展而发展，不断地积累，用户也在不断地接受新事物和新的交互方式，所以不要用静止的眼光看待用户。

例如：在一般网站的文字段落中都会有超文本链接，其一般使用区别于旁边普通文字的颜色外加下画线的形式表示。在早期的互联网产品中，会有设计师认为这样的表示用户会不知道该处是一个超文本链接，所以会在旁边给予专门的提示文字告诉用户该处是超链接。其实随着互联网不断深入人们的日常生活中，各个网站基本都使用该标准的超文本链接样式，用户已经熟知了这一样式和交互模式，如果在链接旁再加上文字说明，反而会阻碍用户阅读的完整性。

2. 信息架构

如何选择并组织信息，以保证别人能理解并使用它们，是研究人们如何认知信息的过程。

对于产品而言，信息架构关注的就是呈现给用户的信息是否合理并具有意义。设计网站信息架构的主要工作是设计组织分类和导航的结构，从而让用户可以更有效率地浏览网站内容。

信息架构设计首先要求对网站所有信息内容进行结构化，创建分类体系，该分类体系将会对应并符合网站目标、满足用户需要。创建分类体系的方式主要有：

（1）从上到下

从战略层着手，即从"网站目标与用户需求"直接进行结构设计，先从最广泛的满足决策目标的潜在内容与功能开始进行分类，然后再依据逻辑细分出次级分类，最后再依据逻辑细分出次级分类。"主要分类"与"次级分类"的层级结构就像一个个空槽，而内容和功能将按顺序填入。这种方式的局限性在于：导致内容的重要细节被忽略。

（2）从下到上

根据"内容和功能需求的分析"而来，从已有资料开始，把该资料放到最低级别分类中，然后将它们分别归属到高一级的类别。从而逐渐构建出能反映产品目标和用户需求的结构。该方法也包括"主要分类"和"次级分类"。这种方式的局限性在于：导致架构过于精确地反映了现有内容，而不能灵活容纳未来内容的变化。

所以在具体结构设计过程中，要进行综合考虑，理想状态下的有效结构应具备"容纳成长和适应变动"的能力。

2.4.4 框架层设计

框架层设计的内容包括：界面设计、导航设计、信息设计。

1. 界面设计

界面设计用来确定界面控件元素以及位置，提供用户完成任务的能力，通过它，用户能真正接触到在结构层的交互设计中"确定的"具体功能。要让界面与用户早已养成的习惯保持一致很重要。当一种不同的方式有很明显的益处时，应试着违背习惯，但要求在做每一个决定的时候都有充分的明确的理由。

2.　导航设计

导航设计呈现信息的一种界面形式，提供给用户去某个地方的能力。

（1）导航的目标

① 导航设计必须提供给用户一种在网站间跳转的方法，必须选择能促进用户行为的导航元素。

② 导航设计必须传达出这些元素和它们所包含内容之间的关系，对于用户理解"哪些选择对他们是有效的"非常必要。

③ 导航设计必须传达出它的内容和用户当前浏览页面之间的关系，帮助用户理解"哪个有效的选择会最好地支持他们的任务或他们想要达到的目标"。

（2）导航的类型

① 全局导航：提供覆盖整个网站的通路。

② 局部导航：提供给用户在这个架构中到"附近地点"的通路。

③ 辅助导航：提供了全局导航或局部导航不能快速达到的相关内容的快捷途径。

④ 上下文导航：也称内联导航，是嵌入页面自身内容的一种导航，比如在一篇长文章中设计的目录结构，设置锚文本。

⑤ 友好导航：提供给用户他们通常不会需要的链接，但它们是作为一种便利的途径来使用。

⑥ 网站地图：一种常见的远程导航工具，给用户一个简明、单页的网站整体结构的快捷浏览方式。

⑦ 索引表：按字母顺序排列的、链接到相关页面的列表，与一些书最后所列的索引表非常相像。

3.　信息设计

信息设计呈现有效的信息沟通，用来传达想法，它是这个层面中范围最广的一个要素。信息设计与界面设计、导航设计紧密相关。在考虑导航设计时，首先考虑"信息设计"是否太模糊，或者在考虑"信息设计"问题时需同时考虑"界面设计"的问题。

信息设计决定如何呈现信息使人们能很容易使用或理解它们（比如用表格、饼图），会涉及"分组"或"整理"散乱的信息。将信息设计与导航设计结合在一起，可以起到一个很重要的作用：帮助用户理解"他们在哪儿"以及"他们能去哪儿"。

2.4.5　表现层设计

界面设计考虑可交互元素的布局，导航设计考虑在产品中引导用户移动的元素安排，信息设计考虑传达给用户的信息要素的排布。而表现层设计则是解决并弥补"产品框架层的逻辑排布"的感知呈现问题。

人们的感觉器官有：视觉、听觉、触觉、嗅觉和味觉，而网站设计主要体现在视觉设计上。评估一个视觉设计方案，应该把注意力集中在"运作是否良好"上。例如，视觉设计给予它们的支持效果如何？网站的外观使结构中的各个模块之间的区别变得不清晰、模棱两可了，还是强化了结构，使用户可用的选项清楚明了了？评估一个页面视觉设计的简单方法为：忠于眼睛所看到的。

一个成功的设计有两个重要的特点：

① 遵循的是一条流畅的路径。

② 在不需要烦琐细节的前提下，它为用户提供有效选择的、某种可能的"引导"。

视觉设计最基本的手段和要求是对比和一致性。对比能帮助用户理解页面导航元素之间的关系。同时，对比还是传达信息设计中的概念群组的主要手段。在设计中保持一致性是另一个重要的组成部分。在视觉设计的一致性方面，一般会出现两个方面的问题：

① 内部一致性的问题，即在网站两个不同的地方反映了不同的设计方法。

② 外部一致性的问题，即这个网站没有在同一个企业的其他产品中反映出被使用相同的设计方法。

总之，从本质意义上讲，对产品的设计就是对用户体验的设计，所有影响用户体验的要素、环节都是产品设计中要关注和解决的核心问题。换句话说，要想设计好一款产品，就必须清楚什么是影响产品成功与否的关键因素。在下一篇讨论互联网产品设计的基本流程和方法时，要围绕用户体验这个中心，将本章所讨论的关于影响用户体验的要素贯穿其中综合考虑、精心设计。

2.5　几个有关体验设计的概念辨析

在互联网产品设计的实践中，你会发现，当提到用户体验时，常常会遇到与体验、交互相关的几个概念，如 UED、UID、IxD、UCD 等。这些概念比较相似，实际上含义也有交叉的地方。下面对这几个概念进行简要的介绍与辨别。

2.5.1　UED

UED（User Experience Design，即用户体验设计）是指用户访问一个网站或者使用一个产品时的全部体验，是用户在使用过程中的主观感受，包括：这个产品是否有用，是否能够解决自己的需求，是否方便使用，界面是否美观，用过一次之后是否还想再用等方面。虽然说用户体验是比较主观的概念，但是对于一个界定明确的用户群体来说，可以通过良好设计的实验来获得此群体的用户体验共性。比如一个登录的页面，可以设计 3 种风格，分别给目标用户群体进行体验，调研获取用户的感受和对具体细节的建议及意见，从而获得大家普遍的希望结果。

一个产品良好的用户体验设计能够帮助用户以非常低的成本解决自己的需求，并且在使用过程中保持一种积极的情绪，提升用户对产品的心理印象。在产品同质化比较严重、行业竞争激烈的情况下，良好的用户体验能够帮助产品突围，获得更多的市场份额和更好的口碑。

UED 主要是从 IT 行业发展而来的。在 IT 发展处于早期阶段的时候，由于计算机运算能力有限，为了更有效率地使用计算机，往往是让人适应软件，使用户适应程序员的偏好和习惯以及现有的产品。随着技术的发展以及 IT 行业越来越激烈的竞争，UED 的概念逐渐出现并应用到产品设计中。从概念可以看出，UED 是从用户角度出发、以用户为中心的一种设计手段，以用户需求为目标而进行的设计。

如今 IT 行业的产品设计团队中，有的公司有专门的用户体验设计师来负责 UED 相关工作，有的公司则是由产品经理、交互设计师等岗位来负责。实际上，按照我们前文对用户体验内涵的介绍，用户体验是由一系列的综合因素决定，严格意义上讲，负责产品全生命周期的产品经理才是产品用户体验的总负责人。所以，在企业实践中，提到的用户体验设计岗位，更多的是一种从交互、界面等狭义层面上的用户体验设计。

2.5.2　UID

UID（User Interface Design，用户界面设计）泛指用户的操作界面，例如，用户在使用"美团外卖"手机 APP 订餐时的界面。一个美观友好的界面会给用户带来舒适的视觉享受，提升用户使用产品过程中的体验。所以，用户界面设计实际是为用户体验服务的，是用户体验设计在视觉界面这一层面的具体化，好的用户界面设计要从用户角度出发，综合考虑产品定位、目标用户特点和使用场景来设计产品界面的样式和视觉效果。可见界面设计和用户研究是紧密联系在一起的，而不仅仅是绘画制图。

在产品团队中，通常由 UI 设计师负责 UID 工作，具体工作内容包括负责产品的整体界面风格设定和页面设计，全面提升整体视觉效果，如图 2-5 所示。

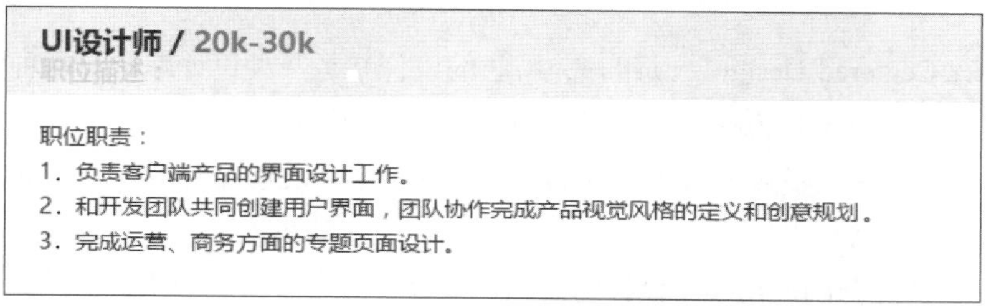

UI设计师 / 20k-30k
职位描述

职位职责：
1. 负责客户端产品的界面设计工作。
2. 和开发团队共同创建用户界面，团队协作完成产品视觉风格的定义和创意规划。
3. 完成运营、商务方面的专题页面设计。

图2-5　企业对UI设计师的职责要求

2.5.3　IxD

IxD（Interaction Design，交互设计）是指设计人和产品之间交互互动的机制。例如，在使用一款产品阅读新闻消息时，阅读完一条之后想阅读下一条，这时在不同产品中需要进行的操作方式是不同的，有的需要往下拉动页面，有的则需要向右滑动页面。"向下拉动"和"向右滑动"就是两种不同的交互方式。

交互设计的目的是让用户能够在使用产品时用符合自己逻辑的方式，有效、高效、方便地使用产品。交互是一个输入 / 输出的过程，用户通过界面向手机 / 计算机输入指令，手机 / 计算机经过处理将输出结果呈现给用户。人和机器之间的输入 / 输出形式是多种多样的，人的习惯偏好、使用环境等因素都会影响输入 / 输出的形式，因此交互的形式也是多种多样的，不同条件下的人机交互也是不同的。例如，你在手机端使用支付宝付款时可以选择输入付款密码，或者指纹付款，但是当你使用电脑端支付时就无法使用指纹付款这一交互方式。也就是说，交互设计应该考虑用户的使用场景、使用经验和操作方式等，以用户体验为基础。

在产品团队中，交互设计的工作通常由交互设计师来完成，工作内容包括分析业务需求，进行用户研究，提炼产品人机交互页面需求；提高产品易用性，改进产品用户体验并能够跟踪产品实现进展等。有的团队中交互设计工作则由产品经理、用户体验设计师等相关岗位来完成。市场上，企业对交互设计师的职责要求如图 2-6 所示。

交互设计师 / 20k-35k

岗位职责：

负责移动端产品及公司其他业务的交互设计，对产品的用户体验负责。

根据产品需求，完成界面的信息架构优化、流程优化等，提高产品的易用性。

分析产品需求、优化产品易用性、改善用户体验并能够跟踪产品实现进展。

在产品推进执行中能良好的传达交互设计思想和意图。

撰写交互设计文档，不断完善和规范化。

参与产品版本迭代测试，解决每一个细节体验问题。

图2-6 企业对交互设计师的职责要求

2.5.4 UCD

UCD（User Centered Design，以用户为中心的设计）是一种设计理念、一种设计原则，是说在设计过程中以用户体验为核心，从用户的需求和用户的感受出发，以用户为中心来进行产品设计，而不是让用户去适应产品。以前的产品设计更多地关注产品的功能，即产品可以用来做什么，出发点是产品。

UCD 这一设计理念则是切换了设计的视角，将设计的中心转移到用户身上，关注的是用户如何“接触”和“使用”产品，并以此为出发点来设计产品。这就要求产品设计人员要打破自我立场的局限，能够设身处地为用户着想，从用户的立场、用户的角度和用户所处的场景出发去设计产品。以让用户高效、轻松、愉悦为前提去设计产品，解决用户问题。这种理念和原则要始终贯彻在产品设计的全过程和每一个具体功能中，一切为了用户，一切从用户出发。

以上分别介绍了 UED、UID、IxD 和 UCD 四个概念。从含义上可以看到，“以用户为中心”是这四个概念的共通之处，它们都强调从用户的角度出发。不同的是，UCD 是一种设计理念、设计原则，而 UED、UID、IxD 是设计过程，UID 和 IxD 更是具体的设计手段。UED 界定的是用户使用产品的感受这一个整体设计；UID 界定的是界面的视觉效果，关注的是静态的呈现；IxD 界定的则是用户和界面之间的关系，关注的是动态的交互。

思考与练习

1. 请简要叙述什么是用户体验，如何理解其内涵？

2. 请概述用户体验要素的构成及其含义。

3. UED、UID、UCD分别代表什么，它们之间有什么区别与联系？

4. 请思考：为什么用户体验在当今互联网时代越来越重要？

拓展资源

资源名称	产品交互体验设计入门基础视频教程	资源格式	视频
资源简介	互联网产品交互设计基础课程，包括用户体验的概念及应用交互设计工具进行交互设计的具体方法和过程		
资源获取	在前言的公众号里回复关键字：产品体验		

第 3 章
互联网产品设计的基本思维

互联网产品是诞生于互联网条件下的一种全新的产品形态，具有全新的生长土壤和运行逻辑。这意味着互联网产品的设计与运营实践需要有全新的理念和思维指导。本章将简要介绍互联网产品设计与运营迭代的基本思维，它们是进行任何互联网产品设计行动的指导思想。

3.1 用 户 思 维

一般认为，用户是指某一种技术、产品、服务的使用者。过去相当一段时间内，用户长期处于被动接受的地位，工厂里生产什么，用户就使用什么，而且在计划经济时代，对用户还限量供应。而随着信息技术推动的科技创新不断推进，尤其在互联网经济圈里，用户的角色越来越重要，用户对于科技创新的重要性被日益认识，用户参与的创新 2.0 模式正在逐步显现，用户需求、用户参与、以用户为中心被认为是互联网条件下创新的重要特征，用户成为创新 2.0 的关键词，用户体验也被认为是知识社会环境下创新 2.0 模式的核心。

在互联网经济圈里，所有的商业项目几乎都在做同一件事情，那就是创造用户，用户成了互联网企业最为根本的重要资产。我们观察今天互联网巨头企业，如百度、阿里巴巴、腾讯，无一不是靠巨大的用户资源而风生水起并称霸一方的。

阿里巴巴创建了中国最大的电子商务交易平台淘宝，但阿里巴巴自始至终从未在淘宝平台上卖出过一件东西，那么，阿里目前千亿级的估值从哪里来的？其每年赚得盆满钵满的利润是从哪里来的？答案就是淘宝的用户。阿里巴巴虽然不在淘宝上出售东西，但淘宝平台聚集了万千用户，它就是靠向平台上的店家出卖用户流量而获利的。

腾讯也一样，自从它做成了 QQ 聊天软件之后，使得所有使用 QQ 的人都成为它的用户，而在全国范围内，只要是使用互联网的人，几乎人手都有一个，甚至一个以上的 QQ 号。如此强大的用户基础，使得腾讯后来做任何新产品都独具优势。在移动互联网汹涌发展的今天，微信能够迅速后来居上成为移动互联时代的又一个标志性产品，与腾讯强大的用户基础是分不开的。因为，其实在微信之前，已经有类微信的产品米聊先期问世了，但后来却被远远甩在身后，就是用户基础之间较量的结果。

百度就更不用说了，当互联网时代"内事不决问百度"成为常态时，它就成为互联网的一个入口，凡是要进入互联网的人都成了其用户。

由此可见，用户在互联网时代的商业逻辑里是何其重要，企业核心竞争力越来越表现为对用户的创造力和吸附力。而且这种趋势，已经开始突破互联网产业圈，开始向其他产业领域蔓延，争夺用户的商业战争越来越白热化。因为，得用户者得天下已成为移动互联时代商业成功的金科玉律。因此，在今天，用户的地位大幅升级，越来越被重视。

因此，在互联网产品设计中，同样要重视用户、尊重用户和依靠用户，互联网产品的运营本质上也是对用户的经营，以用户为中心的用户思维是设计和优化互联网产品的重要理念和指导思想。

3.1.1 以用户为中心

用户思维的本质是在充分理解用户的基础上，在情感、价值和利益等诸多方面都做到以用户为中心。

移动互联时代，用户地位升级的典型特征就是凡事必言"以用户为中心"。以用户为中心，是异常激烈的商业竞争驱使下商家所做的必然选择，也是移动互联时代技术发展对人本理念的贯彻和发扬所带来的积极红利。所谓以用户为中心，就是在整个价值提供过程中的各个环节都站在用户立场上考虑问题。这也是提高用户体验的基本前提。

以用户为中心，首先要尊重用户的价值评判主体地位。在移动互联网时代，价值供给已不再像计划经济那样，由价值提供者自己主导价值的功能、质量、数目等各个方面，用户只是单纯地去适应甚至是去讨好价值提供者。现今的状况是，价值提供者所提供的产品或服务是否有价值、价值有多大，都是由用户说了算，用户是唯一权威的价值评判者。所以，价值提供者要想有立足之地，首先在产品或服务规划之初，就要牢固树立以用户为中心的思想，打心底里尊重用户在价值创造中的评判主体地位。只有一开始从骨子里尊重用户的这种地位，才有可能创造出符合用户实际并能有效解决用户问题的产品。

以用户为中心，在实际操作中要做到刚需导向。所谓刚需，就是最迫切的、必不可缺的需求。刚需导向是在价值创造和提供的过程中，始终以刚需为出发点和落脚点。站在用户的角度，深刻挖掘用户的刚性需求，以此作为价值创造的依据。值得指出的是，很多情况下，用户并不能直白而明确地说出自己的需求，就像福特汽车元老福特先生说过的：如果你问你的顾客需要什么，他们会说需要一辆跑得更快的马车。更有甚者，用户所表达的需求并非其真正的客观需要，而是一种主观上的要求。这就要求价值创造者，在收集用户需求的时候，采用多元途径和方法，在收集原始数据的基础上，更多的是要做分析、提炼和总结的工作。只有这样，才能更准确地把握用户的需求，真正做到刚需导向。正如苹果公司创始人乔布斯所说的：消费者并不知道自己需要什么，直到我们拿出自己的产品，他们就发现，这就是我要的东西。

以用户为中心，要求做一切事情都要站在用户立场上想问题做事情，而不是自上而下的说教，或者想当然地主观臆断用户的需求和喜好。

我们可以通过下面这样一个故事，理解一下什么是站在用户立场考虑问题：

有一天，一个老太太走进一家水果店，问老板："这个杏子怎么样？"老板说："刚上市的，又大又甜。"老太太没买，又走到另一家水果店问了同样的话，老板还是同样的回答，老太太还是走了。就这样，老太太看了好几家水果店，最后还是什么也没买。其中一个水果店的老板很纳闷地问："我看你走了好几家水果店了，您到底想买点什么呢？"老太太回答说："我儿媳妇怀孕了，想吃酸杏子，可是只有甜的卖。"老板恍然大悟。

很多时候，很多人却只记得自己代表的是价值提供方，只是一味从自身角度宣扬自己的产品或服务，但却忘记了自己其实也是用户的顾问，没有考虑过自己提供的东西对用户到底有什么用，能帮其解决什么问题。忽视了用户需求一定做不好、做不长。所以，一个产品或服务，到底有没有价值，关键在于是否解决了用户的问题。一副近视眼镜，对一个近视者来说，它能够解决用户看清楚事物的问题，是有价值的；但对一个盲人来说，它起不到任何作用，没有任何价值而言。

以用户为中心的本质就是实现用户利益最大化，追求规模效益，从而实现自身商业利益。20 世纪 90 年代上网都需要安装付费杀毒软件，后来 360 公司推出了免费的杀毒软件，一下子打垮很多杀毒软件公司，于是杀毒软件的厂商都免费了，都免费后，计算机再也不怎么听说会被病毒感染了。电脑没有病毒就是用户的根本利益所在，就是用户利益最大化的体现。

3.1.2　用户思维指导模型

无论怎么强调以用户为中心，你却并不理解用户，不懂得用户的行事逻辑，不了解人们通常是如何作出行为的，那也只能是空喊口号，并不能真正贯彻以用户为中心的理念于产品设计和运营的实践中。那样的话，所谓的用户思维就无从谈起。况且，对于大多数互联网产品而言，不仅要争取用户来关注和使用，更重要的是能够让用户依赖你的产品，并能够吸引和占有用户足够多的时间在你的产品上。

不管我们所设计的产品面向的人群是谁，但只要是人，其行为机制都有一些共有的逻辑，接下来我们就介绍两个理论模型——福格行为公式和 HOOK 上瘾模型，为大家揭示人们通常是如何作出某种行为的，以及人们是如何热衷于作出某种行为的，以便于指导我们在产品设计过程中更好地理解用户、响应用户，进而赢得用户。

1. 福格行为公式

福格行为公式源于斯坦福大学教授福格（Prof. B. J. Fogg）在 2009 年发表的一篇论述行为设计的文章，该文提出了行为设计的一个模型，叫作 Fogg's Behavior Model。简单来说，这个模型就是一个公式：

$$B=M+A+T$$

在上述公式中：

B（Behavior），就是行为，即期望个体做出的行为。

M（Motivation），就是动机，即个体做出行为的意愿。

A（Ability），就是能力，即个体做出行为需要具备的条件、能力。

T（Trigger），就是触发器，即个体具备了动机和能力，行为的发生还需要触发，也就是需要直接刺激物。

基于上述模型，关于如何设计从而影响别人做出符合预期的行为，福格教授给了三点建议：

第一，这个人有做这件事的意愿，就是他想做。

第二，这个人可以做成这件事，做这件事需要在其能力可承担范围内，也就是说，行为设计的越简单可能越好，越简单越可能不会超越行为主体的能力范围。

第三，你需要适时提醒推动行为人，有明显触发其行为的导火索才能让其做出行为。

需要注意的是，在上述的行为设计模型公式中，驱动行为发生的三个因素是缺一不可的，缺了其中任何一个，都有可能导致行为不能发生。

这里可以举两个例子来说明：

我们都知道由国内著名电商平台淘宝天猫发起的"双十一"购物节，在这个节日，很多人就会做出"抢购囤货"的行为。我们来分析这个行为是如何发生的。抢购某个货物的第一要素是购买者需要该货物，内心存在获取该物的动机，这是首要条件。比如一个宝妈需要采购尿不湿，这是刚需；那平时为什么没买呢，可能是因为价格太高，超出了自己的付费能力，但是"双十一"这天最大的特点是打折，价格是平时售价的五折甚至是一折，这时货物的价格正好符合购物者的购买能力；同时，"双十一"临近时，商家会动用各种宣传渠道和宣传形式，对"双十一"进行宣传，这样可以很好地吸引购物者的关注度，从而成为了出发抢购行为的触发器。由此可见，"双十一"活动之所以能诱发如此之多的"抢购囤货"的消费行为，主要是因为活动的设计，很好地满足了行为诱发的三要素：动机、能力和触发器。

由此可见，能力、动机、触发，任何一个要素缺失，行为都不会发生。

互联网产品的本质是一个应用（Application，简称APP），顾名思义，只有人们付出行为应用互联网产品时，互联网产品的价值才得以体现和交付。所以，好的互联网产品的显著特征是能够不断地吸引用户愿意付出行为于其中。这就需要基于福格行为公式，理解人们某个行为发生的必备要素，并将这些要素巧妙地体现在你的产品设计之中，从而不断诱发用户去应用。

拿微信朋友圈这个产品模块来举例，当你的朋友圈有朋友分享了新信息时，在微信的一级菜单栏"发现"和"发现"下的"朋友圈"二级菜单处就会显示红点和最新发布了朋友圈消息的朋友的头像，这实际上就是一个触发器，它提示你"有新朋友分享了信息，你可以去刷新朋友圈"了，如图3-1所示。

光有触发器还不行，由于你对朋友的近况很好奇或关注，很想了解他最近又有什么新鲜事，在强烈的好奇心和对朋友的关心的驱动下，你决定去看一下。

紧接着，你只要轻轻触摸点击标注了红点的地方，就可以很轻松地浏览朋友圈最新的消息，这个动作对你来说十分简单和容易。就这样，触发器、动机和行为能力都具备了，于是你才迫不

图3-1　红点就是触发器

及待地又刷起了朋友圈。

2. HOOK 上瘾模型

让用户养成习惯、产生依赖性，其实是很多产品不可或缺的一个要素。由于能够吸引人们注意力的东西层出不穷，企业会使出浑身解数来争取用户心中的一席之地。如今，越来越多的企业已经清醒地认识到，仅凭占有庞大的用户群并不足以构成竞争优势。用户对产品的依赖性强弱才是决定其经济价值的关键。若想使用户成为其产品的忠实拥趸，企业不仅要了解用户为什么选择它，还应该知道人们为什么对它爱不释手。

HOOK 上瘾模型就是用来解释和解决如何让用户爱不释手的问题的，该模型是由《上瘾》的作者尼尔·埃亚尔、瑞安·胡佛提出的，该书已经被翻译成中文在国内出版发行，如图 3-2 所示。HOOK 上瘾模型主要是指导产品设计者设计出让用户"上瘾"的产品，即让用户能够持续应用和依赖产品，花费足够多的时间在你的产品上而不是其他竞争对手的产品，也就是让用户养成使用你的产品的习惯，也就是产品能让用户不需要怎么思考就自然地使用你的产品或者服务。

HOOK 模型实际上是从人们的基本心理和人性出发，指出人们在何种情况下才会沉浸于某种行为或某个事物，亦即养成习惯。该模型是培养用户使用习惯的一套标准化模型方法，它由四个阶段构成，分别是：触发（Trigger）、行动（Action）、多变的酬赏（Variable Reward）、投入（Investment），如图 3-3 所示。

图3-2 《上瘾》中文版

图3-3 上瘾模型

（1）触发

触发实际上同福格行为公式里的触发器是同一个意思，就是触发行为的前置诱导条件。人们绝不会凭空地对一个产品进行使用并产生强烈的使用习惯，用户每一步行为的发生，都要有触发器去触发。在 HOOK 上瘾模型中，触发器分为外部触发器和内部触发器。

外部触发是习惯养成的第一步，主要目的是把下一个步骤清晰传达给用户，告诉用户下一步该做什么，通常隐藏在外部信息中。常见的外部触发分为付费型、回馈型、人际型、自主型四种。

① 付费型触发。

付费型触发主要用于新用户获取，通常是通过各种渠道的广告、搜索引擎优化（SEO）、应用市场搜索优化（ASO）等付费的方式吸引用户下载或注册产品。付费型触发的特点是可以在目标用户出没的地方显著地设置触发噱头和信息，以引导目标用户作出符合期望的行为，但这种触发需要付出较高的金钱成本。

比如，当我们在刷微信朋友圈或是今日头条的新闻资讯时，经常会在其中看到某个企业投放的产品广告，这些广告就是一种触发器，吸引我们去关注广告所推介的产品，如图 3-4 所示。

② 回馈型触发。

相比于付费型触发的高成本，回馈型触发更加侧重通过精细化的运营，让产品暴露在公共媒体的聚光灯之下，适合小型的初创公司。常见的形式为 KOL（关键意见领袖）推广，资讯新闻曝光等。

回馈型触发不依赖于直接花钱，因为它靠的不是钱，而是依赖于产品在公关和媒体领域所花费的时间与精力。正面的媒体报道、热门的网络短片，以及应用商店的重点推介，这些都是让产品获取用户关注的有效手段。

比如得到 APP 通过知名 KOL 与平台合作制作的内容及创始人罗振宇的个人 IP 效应，在知识付费领域就占据了一定的位置，这得益于得到创始人罗振宇每年的跨年演讲都能

图3-4 付费广告作为触发器

掀起一波传播的高潮，如图 3-5 所示。这种具有影响力的活动，往往能够引起一系列媒体平台的争相报道和传播，这就顺带为得到 APP 带来了足够的曝光量，进而吸引人们关注和使用它。

图3-5 各大媒体争相报道罗振宇跨年演讲

回馈型触发的特点是比较容易获得瞬时热点和关注，但来得快，去得可能也快，不容易持久和稳定。

③ 人际型触发。

人际型触发就是利用人们的社交关系网络进行点对点的触发和引导。熟人之间的相互推荐是一种十分有效的外部触发。拥有熟人信任"背书"的产品推荐，可以引发企业经营者和投资人所渴望的"病毒式增长"，利用人际型触发来促进用户积极地与他人分享产品的优势。

比如，刚成立不过五年市值就超越成立超过 20 年的京东的拼多多（2020 年 7 月份数据），在阿里与百度的夹缝中之所以能够异军突起，最主要的原因之一就是拼多多基于微信生态开启的社交电商模式。拼多多最早就是通过拼团营销模式，利用微信好友之间相互砍价、助力和拼

购的方式，获取了大量的用户流量。利用这种社交化的营销，拼多多实现了在中国电商市场上的病毒式扩张。由此足见人际型触发所带来的巨大利好。

④ 自主型触发。

自主型触发就是产品通过一些自主的功能机制设置，触发用户的下一步行动。前面的付费型触发，回馈型触发和人际型触发是从 0 到 1 的过程，侧重新用户获取；自主型触发是从 1 到 100 的过程，旨在刺激老用户持续使用产品，侧重转化和留存。

自主型触发的常见形式有：手机桌面上的应用程序图标、订阅的新闻简报，或者是应用更新通知、产品内菜单栏上的更新提示等，如图 3-6 所示。只要用户愿意接收这些信息，这些触发的源头产品就有可能获得用户的关注。

自主型触发只有在用户已经注册了账户、提交了邮件地址、安装了应用或选择了新闻简报等情况下才会生效，它意味着用户愿意继续与之保持联系。

介绍完外部触发手段，接下来我们介绍内部触发。相对于外部触发重在引发用户对产品的关注和使用，即引导行为的发生，内部触发主要作用于驱动用户重复使用产品的行为，即形成习惯。

内部触发主要利用用户的内在精神、情感、动机等的需要，以驱使用户将某种行为变为习惯。内部触发看不见，摸不着，也听不见，但是它会自动出现在人们的脑海中，通常借助情绪的自动反应引导用户做出特定的举动。人们的情绪通常分负面情绪和正面情绪，都可以作为威力强大的内部触发。

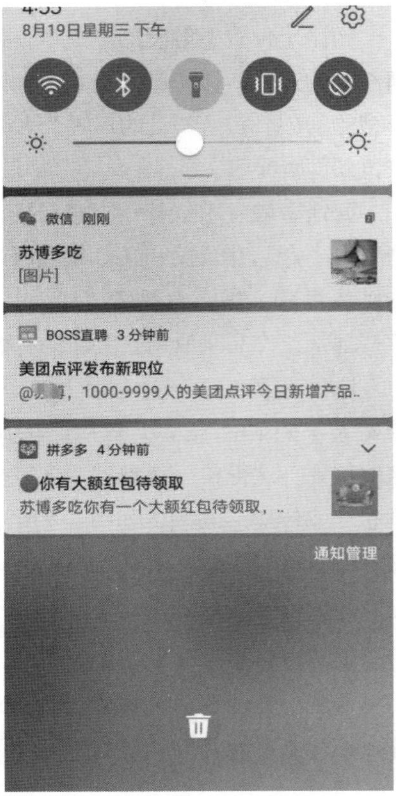

⑤ 负面情绪触发。

孤独、沮丧、困惑或是焦虑的情绪常常会让人们体验到难过、愤怒或恐惧，并使人们不自觉地采取行动来打压这种情绪。而我们产品的初衷就是帮助用户解决问题，消除烦恼，解决用户的痛点。

图3-6　自主型触发示例：通知信息推送

当用户发现这个产品有助于缓解自己的负面情绪时，就会高频次地使用该产品，当我们使用一段时间后，就与这个产品产生关联，从而演变为一种习惯，也就是我们所说的培养用户的习惯。

比如，面向职场人群的社交产品脉脉的"职言"频道就为很多在职场上遭遇不快、委屈的人群，提供了一个吐槽、发泄的场合，当职场上的人们受到某种不公、情绪压抑时，就会登录脉脉，在"职言"区敲下吐槽的文字，这就是一种因负面情绪而触发的习惯。

⑥ 正面情绪触发。

正面情绪同样可以作为内部触发的因素，有一些行为习惯是由正面的情绪所驱动的。当我们想要分享个人情感、推荐好物或者分享某种心得时，都是正面情绪在起作用。就好像我们在微信上分享日常生活、在知乎里回答问题、在脉脉上共享人脉，正面情绪的触发会让我们做很多习惯性的行为。如图 3-7 所示。

（2）行动

触发提示了用户下一步的行动方向，如何进一步说服他们真正付诸行动，即让行为真正发生？这就要用到前面我们介绍的福格行为设计公式了，这个公式告诉我们，除了明显的触发器，要让行为发生，还必须具备动机和能力两个要素。

福格博士认为，能够驱使我们采取行动的核心动机不外乎三种。他认为，所有人的行动受到这三组核心动机的影响，每一组中的两个要素就像是杠杆的两端，其上下摆动的幅度会导致人们做出某种举动的可能性相应地增加或减少。这三组核心动机是：

追求快乐，逃避痛苦；

追求希望，逃避恐惧；

追求认同，逃避排斥。

图3-7 正面情绪触发示例：分享好物

比如：当我们工作一天回来不想再考虑工作的事情时就会打开游戏玩耍，这就是追求快乐；当我们处于知识焦虑，害怕自己被职场淘汰，就会打开得到等知识付费的 APP 进行提升学习；当我们身处异地，没法与朋友沟通，就会打开微信进行联系点赞，这就是追求认同。

我们设计互联网产品，终极目的是要解决用户的需求、解决用户的痛点，本质上就是寻找用户的动机，用户在什么情况下会打开我们的产品、我们的产品能解决用户什么问题，当我们搞清楚这两个问题，也就找到了自身产品的定位，更好地解决用户的需求，满足其动机，让他行动起来。

行为的发生还取决于行为主体的能力，要想让用户很容易地使用你所设计的产品，那么，降低任务完成所需要的难度比通过说明书一般的长篇大论去教导我们的用户，能更快达到效果。

而关于怎样降低用户的操作难度，福格总结的影响任务难易的 6 个要素，它们分别是：

时间：完成这项活动所需的时间。

金钱：从事这项活动所需的经济投入。

体力：完成这项活动所需消耗的体力。

脑力：从事这项活动所需消耗的脑力。

社会偏差：他人对该项活动的接受度。

非常规性：按照福格的定义，"该项活动与常规活动之间的匹配程度或矛盾程度"。

（3）多变的酬赏

HOOK 模型的第三个要素是多变的酬赏。用户使用一个产品，一开始是源于自身的需求，但是怎样让用户对产品上瘾、养成长期使用和依赖产品的习惯，还有一个重要环节，就是丰富多变的酬赏。

多变的酬赏主要表现为三种形式：社交酬赏、猎物酬赏和自我酬赏。

① 社交酬赏。

社交酬赏是指人们从产品中通过与他人的互动而获得的人际奖励，本质是获得认同。社交酬赏源于人与人之间永恒的互动关系。我们参与社会活动或者信仰宗教，观看体育赛事、综艺或是电视节目，无不是期望从中寻找一种联结感。

这也是为什么在移动应用市场中，下载量排在前面的多是一些社交应用软件；更能解释为什么越来越多的应用软件，都要加入社交功能。社交媒体长盛不衰、社交电商成为新增长点，红人带货能力持续走高，都一再证明：人本质是社会性的动物，人们需要并享受于社交酬赏。

② 猎物酬赏。

猎物酬赏是指人们从产品中获得的具体资源或信息。在没有工具产生的原始时代，古人类靠耐力型捕猎，用稳定的追逐速度耗尽猎物的气力，最终满载而归。尽管与百万年前的生活环境迥然不同，但人们对猎物的渴求并未改变，变化的只是猎物的形式。

在互联网的时代，人们通过互联网产品来获取自己所需的信息、知识已经是日常刚需了。例如，信息流推送，源源不断出现的多变内容为用户提供了不可预测的诱人"狩猎"体验。

③ 自我酬赏。

自我酬赏是指人们从产品中体验到的操作感、成就感和终结感。这是人们对于个体愉悦感的渴望，完成任务的强烈渴望是促使人们继续某种行为的主要原因。

比如如邮箱中的未读邮件，微信里的红点提示消息，这些对人们而言像是一个个任务，待逐个完成，这也是对"终结感"的追逐，俗称"强迫症"。

值得注意的是，酬赏之前还有"多变的"几个限定词，这在提示我们，酬赏不能一成不变，而是要创造丰富的、能不断激起用户渴望的酬赏目标。

斯坦福大学曾做过一个磁共振实验，测试人们赌博时大脑的血液流量，研究发现，当赌博者赢得酬赏时，伏隔核（人脑中快乐和奖赏的信息处理中心）并没有受到刺激，反而是他们在期待酬赏的过程中这个区域发生了明显的波动。

多变性的重要性因此凸显。当习以为常的因果关系被打破，或事情没有按照常规发展时，我们的意识会再度复苏，新的特色能激发我们兴趣和关注，形成新的期待，多变性使伏隔核更加活跃，并提升神经传递素多巴胺的含量。

（4）投入

有一点必须承认，人们对一件事情投入越多，通常就越认同或喜欢，越是离不开、丢不下。投入就是上瘾模型中的最后一个步骤，这对用户习惯的养成极为重要。我们要想用户产生心理联想并自动采取关联，那么首先要让用户对产品有所投入。该阶段鼓励用户投入一些有价值的东西，以增加用户使用产品的可能性和完成上瘾模型的可能性。

比如，我们使用音乐软件的时候，首先都会考虑这个软件的歌曲版权、质量、交互体验等问题。可是当你已经使用某一款软件两年时间了，此时已经很难再去变更。因为这时候你的歌单、你的收藏、你的歌曲喜好、你的评价，已经存储下来了，通过系统的推荐算法，你使用的软件很简单就能给你推荐到你喜欢的歌单及歌曲，这就是存储的价值。当用户存储的数据越多时，用户变更产品的成本就会越高，变更可能性也就越低了。

HOOK 上瘾模型的四个阶段是相辅相成的一个闭环联结，每个环节都是上个阶段的结果呈现，也是下个阶段的基础。只有有了明显的触发，才能引导行为的发生，只有付出了行动，才能领略到酬赏，只有有了酬赏才能吸引用户投入更多的行为……这样一步一步的加热，促成了用户对产品的依赖，即对产品上瘾。

3.2 设 计 思 维

设计思维是对 Design Thinking 的翻译，也被翻译为设计思考或像设计师一样思考。设计思维最早诞生于建筑设计领域，后来逐渐演变发展成为一套具有广泛应用的逻辑自洽的创新思维方式。作为一种思维的方式，它被普遍认为具有综合处理能力的性质，能够理解问题产生的背景、能够催生洞察力及解决方法，并能够理性地分析和找出最合适的解决方案。

在科学领域，把设计作为一种"思维方式"的观念可以追溯到 Herbert A Simon 于 1969 年出版的书《人工制造的科学》，在工程设计方面，更多的具体内容可以追溯到 Robert Mckim 1973 年出版的书《视觉思维的体验》。在 20 世纪 80 年代和 90 年代，Rolf Faste 在斯坦福大学任教时，扩大了 Mckim 的工作成果，把"设计思维"作为创意活动的一种方式，进行了定义和推广，此活动通过他的同事 David M Kelley 得以被 IDEO 的商业活动所采用。Peter Rowe 1987 年出版的书《设计思维》是首次引人注目地使用了这个词语的设计文献，它为设计师和城市规划者提供了实用的解决问题程序的系统依据。1992 年，Richard Buchanan 发表了文章，标题为《设计思维中的难题》，表达了更为宽广的设计思维理念，即设计思维在处理人们设计中的棘手问题方面已经具有了越来越高的影响力。

设计思维的核心是以用户为中心的人本思想，是一种创新的方法论，它不急于马上寻找方案，而要先找到真正的问题所在。并不局限于一种解决方法，而要从人的需求出发，多角度地寻求创新，最后再收敛成为真正的解决方案，创造更多可能。

设计思维由五个阶段构成，分别是：共情（Empathize）、定义问题（Define）、构思（Ideate）、设计原型（Prototype）、测试验证（Test）。

3.2.1 共情

共情也称移情，指理解用户的需求和情绪。这个阶段的核心价值是以用户为中心、以人为本，一切需求的出发点是"人"，通过观察、倾听、访谈等方法和用户产生共情，进而分析出用户真正的核心诉求。这要求设计者要摒弃个人的固有经验和偏见的干扰，以一种与用户立场一致的共情状态，真正融入用户的活动场景，去观察、记录和理解用户的需求。

用户因什么而喜？因什么而悲？这个时候设计者要忘记本我，设身处地地站在用户的角度上想问题。与他同喜共悲，知晓他的难处痛点并理解他。这个阶段可以利用以下几个工具：

① 干系人地图：列出用户使用产品时相关的人和物，并充分梳理和了解用户与不同角色之间的关系。

② 同理心地图：从用户的语言（Says）、行为（Does）、思考（Thinks）、感受（Feels）四个维度全面观察和分析用户，从而能够设身处地地理解用户，与用户建立共情，如图3-8所示。

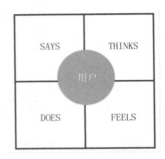

图3-8 用户共情地图

③ 用户画像：利用观察和收集的用户基本信息，勾画出一个用户画像，让不管是谁看到画像就能对用户形象有深刻的理解。

互联网产品设计最基本的出发点就是对用户需求的洞察和理解，设计思维为我们指出了调研和理解用户需求的基本思维，那就是要试图排除一切既有的经验和主观判断，尽可能客观地贴近用户，与用户产生共情，从而确保能够如实地感受和记录用户的信息、状态和感受，从而能够真正洞察到用户需求的核心和本质。

在互联网产品设计中，最忌讳的是把"我以为的"强加给用户，当成"用户想要的"，这是很多产品失败的根源，因为一开始就没有抓住真实的用户需求，起点错了，自然会南辕北辙。

3.2.2　定义问题

在共情状态下完成对用户需求的全真分析和理解后，就进入设计思维的第二个阶段——定义问题。正如爱因斯坦所言："如果给我一个小时拯救地球，我会花59分钟找准核心问题，再用1分钟去解决它"，可见，准确的定义问题是何其重要。

在定义阶段通常可以用一句话来描述问题：谁？有什么需要？我发现了什么？定义阶段的核心价值是收敛，排定优先顺序，在此要分辨出对用户来说什么是真正重要的，什么是我们应该花更多时间去投入的。问题定义是将"共情"阶段搜集到的众多信息，经过"构建""删减""挖掘""组合"等方式交替往复的操作，对问题重新做更深入的定义，就像探索水平面下的冰山，更进一步找出使用者真正的需求，并用简短的一句话定义用户的需求。在这个阶段，可以依托以下几个工具：

① 用户体验场景分析：在横向上梳理和分析用户体验全过程中的每个关键场景，再从纵向分析每一个场景中用户的所做、所想和所感。从而明确未来产品机会点处在哪些用户体验阶段和场景下，如图3-9所示。

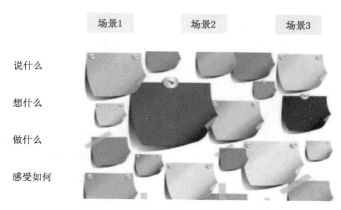

图3-9　梳理用户场景

② 需求陈述：基于用户体验场景的分析，挖掘用户真实需求、心愿和目标。避免直接接纳用户浅层次需求，而忽略用户背后的真实需求。然后从"对用户的价值"和"对商业的价值"两个维度，共同投票定义需求的优先级。

3.2.3　构思

在构思阶段，就是利用前两个阶段所积累的信息和分析所得出的洞察，开始"突破思想的边界"，寻找看问题的新方式，寻找所定义的问题的创新解决方案。构思阶段实际上是一个动脑和创意的过程，在这个过程中，是要发现出众的解决方案来解决"需求理解和问题定义"步骤中所找出的问题。在这一阶段，可以用各种方法来加强创造性，头脑风暴和草图是最为常用的，目标是产出尽可能多不同的概念，然后将它们可视化。

构思过程中可以遵循"三不五要"原则，激发出无限的创意点子，并通过不同的投票筛选标准找出真正适合的解决方案。

1. "三不"原则

① 不要打断：鼓励团队成员各抒己见，尽情发挥，不要人为去打断和干扰。

② 不要批评：不要设置立场偏见，不要基于不同立场去批评不同意见。

③ 不要离题：鼓励提倡各抒己见，不代表不着边际，还是需要聚焦在核心主题上思考问题。

2. "五要"原则

① 要延续他人的想法：要善于从别人的想法里获取启发，在他人想法基础上继续发掘想法。

② 要画图：要把想法通过图画的方式可视化地表达出来，更便于人理解。

③ 要疯狂：要打破各种思维桎梏，天马行空地围绕核心问题进行创意。

④ 数量要多：要尽可能地产出各种各样丰富的创意点子。

⑤ 要下标题：要善于凝练想法，以标题的形式概括。

在构思阶段要鼓励团队从多元化的角度，发散思维，探析解决方案的点子和思路，探索解决用户问题的方向。然后把点子进行收敛、提炼为具体的功能，从"对用户的重要性"和"可行性"两个维度，共同投票排出优先级。

3.2.4　设计原型

在明确定义了问题，并针对问题进行广泛的思考和构思之后，就要进入下一个阶段，即基于构思设计问题解决方案的原型。原型即是通过低成本的方式，产出一个缩略版的产品版本。该原型是对构思进行落地之后的一个具体呈现，可以作为团队内部或是与使用者沟通的工具，并可通过这个过程让思考更加明确，是一个在思考中行动以及在行动中思考的过程。

原型的设计不是一蹴而就的，可以先以简略的草图或是模型呈现，再进一步不断修改完善进而达到更完美的效果。这其中蕴含着一种叫 MVP（Minimum Viable Product，最小可行产品）的设计迭代与优化思维，这个在 3.3 节会进一步介绍。

尤其是对于互联网产品的设计过程而言，设计原型是非常重要的环节，在后面的章节中，我们会就此进行更详细的介绍。

3.2.5　测试验证

设计好产品原型后需要与真实用户验证产品原型的可行性，结合验证的反馈进一步迭代原型，最后调整为高保真原型，直到可以作为最终解决方案进行产品化开发。

测试的意义在于验证针对问题的构思是否符合用户需求，通过应用情景模拟，让用户进行使用，并从中观察使用者的使用状况、感受和回应等，基于使用者的反应和反馈，重新定义需求或是改进解决方案，并更加深入地了解解决方案的使用者。

综上所述，设计思维是一种方法论，用于为寻求未来改进结果的问题或事件提供实用和富有创造性的解决方案。在这方面，它是一种以解决方案为基础的，或者说以解决方案为导向的思维形式，它不是从某个问题入手，而是从目标或者是要达成的成果着手，然后，通过对当前和未来的关注，同时探索问题中的各项参数变量及解决方案。

值得指出的是，设计思维的这五个步骤，并不是一个按部就班的线性顺序，我们可以从任何一个点开始一个设计思维过程。如果一开始你便有了一个很好的想法，那么便可以快速生成原型，然后测试以验证你的想法，或以此作为和用户交流的对象，从而探索出用户潜在或更深层次的需求。但是在这样的过程中，我们切记要以用户为中心，是验证想法，而不是向用户推销想法。如果，已经有了一个产品，想要改进或创新，那么便可以从测试阶段开始，进而探索和洞察用户新的诉求。

而且在设计思维的五个环节中，每个环节是相互影响和相互促进的，也就是说，原型是测试的前提，但测试的过程也能反向促进我们去优化构思和原型，甚至从测试中还能让我们意识到，对用户需求的理解和问题的定义可能是存在缺陷的。也就是说，设计思维虽然包括五个环节，但它是一个发散与收敛的过程，更是一个循环迭代的过程。

3.3　MVP迭代思维

在 3.2 节介绍设计思维的过程中，实际上就隐含了一种从 0 到 1、逐步优化的思想，这就是 MVP 迭代思维，对于互联网产品的设计来说，MVP 迭代思维是贯穿产品设计与运营全过程的，是整个产品生命周期中都要坚持的思维。

3.3.1 MVP

MVP 简单说就是在推出未来期望的产品前，先做一个最为简单的简化版产品。通过这个简化版来检验产品和市场，如果用户认可并有市场前景就继续完善升级，如果用户不买账就调整方向，这样也能将损失控制在最小范围内。

随堂案例

Airbnb 是如何诞生的

Airbnb（aibiying）是一家全球民宿短租公寓预定平台，有旅行需求的用户可以通过它来找到像家一样的住宿，而房东又可将自己闲置的房间放到平台上出租出去，甚至是一张沙发床，可以说是非常成功的一款产品。但在它创建之初，可以用"简陋"来形容。两个年轻人没钱了，于是想把房间的空闲床位出租出去。于是搭了一个简单的博客，在上面发布了信息，一共有三张气垫床，每个床位 80 美元，外加一份早餐。如果有兴趣，就发邮件给上面的邮箱。结果借着一场大会，三个床位还真出租出去了。这让他们看到了可行性，又招募新的员工，最后发展到今天的规模。

他们所做的第一款产品可以说非常的简单，甚至有些操作很不方便，比如要发邮件确定订单。但是却实现了一个最小功能集，用户完全可以通过它来满足想要的需求，这就是一个 MVP 的例子。

MVP 实际上包含了三个基本要素，即最小、可行和产品，最小是指在前期未获得市场验证的情况下，要尽量避免大的投入；可行，指的是虽然是最"简陋"的解决方案，但要确保它是可操作以及可供用户使用的；产品，是指解决方案要具有结构性、完整性。

那如何正确做出 MVP 呢？可以先给用户造个滑板先用着，然后慢慢升级到自行车、摩托车，最后才是汽车。在确保最低要求的情况下，每个阶段交付给用户的都是可行和能够使用的产品，如图 3-10 所示。

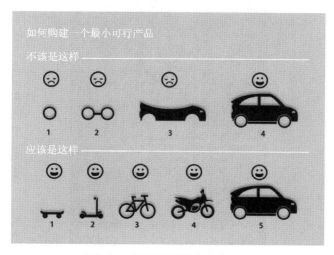

图3-10 用MVP思维造汽车示例

综上所述，最小化可行产品是以尽可能低的成本展现产品的核心概念，用最快、最简的方式建立一个可用的产品原型，用这个原型表达出产品最终想要的效果，然后通过迭代来完善细节。

3.3.2 迭代

在 MVP 思维指导下，可以以最小代价从 0 到 1 创造一个符合市场需要的产品，那有了 MVP，怎么演变成为一款大规模应用的成功的产品呢？答案就是迭代。

在互联网产品设计中，迭代是与 MVP 相辅相成的一种思维，即不追求一次性抛出尽善尽美的解决方案，而是小步快跑，在一个个小的改进中，不断使得产品变得更完美，更能满足用户需求。这其实和"摸着石头过河"、在探索中前行的思想是一致的。

与之相反的是，很多人在思想深处总是追求完美，比如构思了一篇文章，但因为写出来不够完美，就迟迟不能动笔。又或者有个点子，但觉得还不够完善，就迟迟不能动手。

在互联网产品设计中，乃至做任何事情时，我们都是无法准确预测市场上的用户到底需要什么样的解决方案，有时候我们认为完美的东西，拿到用户面前却并如此。所以，必须用迭代思维指导我们的互联网产品设计与运营实践，"小步快跑"，在实践中验证，在验证中设计，从而推动产品螺旋式进步。

即便像腾讯这样的互联网巨头公司，以优质的产品设计和运营能力见长。但在其推出现在普遍流行、人人都离不开的移动社交应用——微信时，也是按照迭代思维一步一步将微信优化成今天的样子。微信的 1.0 版本推出时，其功能是非常简单的，只有基本的通过文字、图片进行即时聊天的功能，如图 3-11 所示。我们常用的语音对讲功能是迭代到第三版，即微信 2.0 版本才推出的功能，现在绝大多数用户爱不释手的"朋友圈"功能实际上是在微信 1.0 版本推出将近 1 年半之后，微信迭代到微信 4.0 版本时才推出的，如图 3-12 所示。时至今日（截至 2020 年 9 月），微信（安卓版）在推出的 10 年多时间里，总共迭代了 80 多个版本。

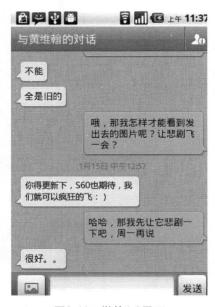

图3-11　微信1.0界面

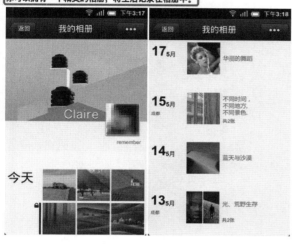

图3-12 微信4.0正式推出"朋友圈"功能

由此可见，好的互联网产品都是不断迭代出来的。这就启示我们，在互联网产品设计中，要摒弃一就尽善尽美的想法，而是要秉持 MVP 及迭代思维，以用户为中心，以人为本，从实践中来到实践中去，不断打磨更加优秀、完美的产品。因为一方面，完美是一个动态概念，随着外部条件的变化，完美的内涵和外延都会发生变化，没有最完美，只有更完美；另一方面，我们的资源和精力始终是有限的，只允许我们按优先顺序，把资源投入到最迫切、最重要的事情上。

思考与练习

1. 请简单谈谈你对用户思维的理解？
2. 简要描述福格行为公式的内容及意义。
3. 简要描述HOOK上瘾模型的主要内容及意义。
4. 简要描述设计思维的主要内容及意义。
5. 谈谈你对MVP和迭代思维的理解。

拓展资源

资源名称	互联网产品设计思维视频集	资源格式	视频
资源简介	互联网产品植根于互联网的土壤，互联网设计要遵循基本的互联网运行的思维逻辑，本视频集主要介绍互联网基础思维对互联网产品设计的启示		
资源获取	在前言的公众号里回复关键字：产品设计思维		

第4章
互联网设计的基本过程和方法

要做一件事情，完成一项任务，总要遵循一定的流程和规则。虽然互联网产品的设计，多基于有产品思维的人对需求的敏锐把握和精妙的创意，但互联网产品的设计过程也是有章可循的。业界已经形成了一些基本的策划设计互联网产品的逻辑和方法，对这些基本过程和方法的掌握，是进行互联网产品设计实践的重要基础。

4.1 互联网产品产生的基本过程

一款产品从本质上来讲，一定是满足了用户的某种需求，像"滴滴打车"满足了人们方便叫车的需求，"美团外卖"满足了人们选择订餐的需求。只有理解和发掘用户需求，制订可行产品方案，完成执行落地并跟进后续产品的优化，才能有效达成产品目标。用户需求的理解与挖掘、产品目标的匹配与实现，绝不会仅仅靠随心所欲就能实现，而是需要一套科学严谨的流程和方法，利用专业的工具，经过反复实践和优化，才能保证最终目标的达成。

本章将主要聚焦互联网产品产生的基本过程，介绍互联网产品设计的基本过程及其各环节的操作步骤和方法。

一款互联网产品基于对市场信息的捕捉和洞察，从有一个想法开始酝酿，慢慢经过分析建构形成概念，再到最终被设计出原型并交付开发，通常要经历产品规划、产品具体设计、产品开发实现、产品上线发布和产品改进迭代等五个基本阶段。

1. 产品规划

规划是产品设计的起始阶段，主要是指基于对市场环境和用户需求的洞察和分析，从战略的高度、宏观的层面提出产品设计的想法并逐步酝酿形成对产品的清晰定义，进而对产品设计总体的目标方向予以界定，并对完成目标的策略进行谋划。

规划阶段的主要工作包括两大块：一块是产品战略规划；一块是产品需求界定。产品战略不是凭空而来的，而是在对市场环境、用户的调查研究以及竞争对手的分析论证基础上规划确定。产品战略主要回答"要做什么产品？"的问题，包括产品的核心价值、目标市场、商业模式等。

在产品战略确定之后，紧接着就要规划确定产品的功能需求，主要是基于对用户需求的调研，依据已经确定的产品目标，进一步对产品目标进行拆解和落实，将产品目标转化为产品的具体功能列表。

2. 产品具体设计

在产品大方向、目标以及产品功能列表确定后，紧接着就要进行产品的具体设计，此阶段就是要具体设计产品的基本骨架和血肉，是产品由概念一步一步走向实体，形成一个可观察、可体验的原型呈现在用户眼前。具体来讲，包括产品用例结构、功能架构、信息架构，在此基础上形成原型，原型确定之后，进一步再进行视觉设计，即交互体验、界面布局及视觉效果等几个方面的设计。

3. 产品开发实现

此阶段是按照已经形成的产品需求，利用程序代码将产品真正实现，即将产品由一个仿真的实体变成一个真正的实体。这时产品经理需要完成的是产品研发项目的管理，包括项目的整体把控、协调、沟通、推进等工作。开发初步完成之后，要按组织对产品按照测试用例进行规范性、可用性以及产品的体验测试，验证产品是否规范地、完整地实现了产品预期的功能和效果。

4. 产品上线发布

当产品开发完成后，经过测试验证，与之前设计的原型一致，并且能够稳定运行不出错误后，产品就可以正式被部署到服务器上，在网上上线发布，供广大目标用户使用。在上线前需要产品经理完成的工作是产品的使用说明材料的准备、推广方案的准备以及产品的定价、运营策略制定等，主要用于用户认知教育、销售培训、运营实施过程。

5. 产品改进迭代

产品正式上线后，需要产品经理确定适时监控产品的运行情况，及时收集分析用户的反馈，并基于数据分析和洞察，调整产品运营策略。并对产品进行功能改进，不断迭代优化产品使其更加适应和满足用户需求。

综上所述，我们可以概括总结出产品设计的基本过程框架，如图 4-1 所示。

4.2 产品规划

产品规划阶段实际上就是在讲述用户体验要素时，我们提到的在战略层进行产品的设计。该阶段主要是从酝酿一个产品的想法开始，再基于对市场、用户和竞争对手的调研分析，不断构建出产品的清晰概念和定义，并最终界定产品的目标、需求范围和功能列表。

4.2.1 产品想法的酝酿与构建

所有产品最终的成型，并不是一跃而起的，起初都是有一个肇端，即由一个想法酝酿和演变而来。在进行产品设计之初，首先需要有一个原始的关于产品的想法，而这个想法就像种子一样，一步步被诱导塑造，最终成为一个有形的产品。所以，产品设计的第一步就是产品想法的酝酿与构建。

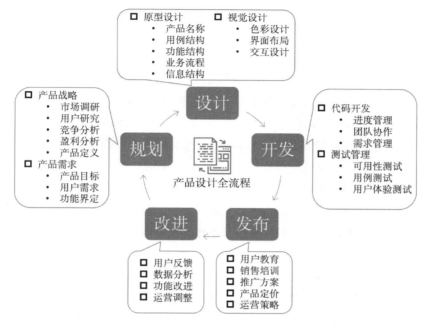

图4-1 互联网产品产生的基本过程

1. 想法源于问题

产品的想法从何而来呢？这是一个源头性的问题。这个问题的本质是一开始产品从何而来，即为什么要设计某款产品？在第3章介绍产品的定义和特点时，我们已经知道，产品就是以满足用户需求、为用户提供价值为主导，经过设计、生产、迭代过程而得到的用以解决用户问题的东西。由这个定义可以知道，互联网产品之所以被设计开发出来，其价值的核心是解决目标用户的问题。所以，产品的想法实际上就是由问题激发而来的，是产品经理在观察、体验、发现某个群体在某些或某个事项中面临的困难和问题的基础上，在自己的产品相关专业知识和经验支持下经过思考和判断而生发的关于问题解决方案的意见和看法。

有没有产品想法的关键在于是否能够发现问题。那么，产品经理该从哪里发现问题从而产生产品想法呢？

（1）观察体验生活

产品经理发现问题最直接的来源，就是自己去观察体验生活。产品经理本质上也是生活在一定领域、阶层的人，在生活中只要认真观察、体验和思考，总能发现很多让人叫苦不迭的问题，这些都可以作为诱发产品经理意图通过产品去解决该问题的契机。比如，一个丈夫发现好多跟他一样角色的人都很讨厌洗碗，可偏偏在现代都市家庭里，很多丈夫都要承担这个责任。"男人们都讨厌洗碗"——这就是一个问题，于是可能有一位产品经理就此萌生了一个想法，能不能设计一款产品来替代自己洗碗呢？有了这个想法，经过不断的酝酿建构、分析论证，最后就产生了"洗碗机"这个产品。

当然，产品经理不仅仅是在自然生活环境中自然地酝酿产品想法，也可以刻意去某个特定的领域、行业去设身处地地观察、体验、调研这个领域内人们的工作和生活，发掘他们存在的困难和问题，从而通过创造产品帮他们解决难题。

(2) 现有产品的启示

他山之石，可以攻玉。在互联网领域里有各种各样的产品，这些产品都因解决了某些或某个问题而存在。然而，针对某个产品，我们可以提出这样几个问题：这个产品要解决的问题被它很好地彻底解决了吗？还有更好的解决办法吗？该产品还有什么需要改进之处吗？所以，产品经理可以密切地关注和分析已有的一些产品，通过对这些产品的考察得到自己的产品想法。

比如，最早为了解决人们做饭时用手擀面的问题，一个叫擀面机的产品就此诞生了，人们可以不用擀面杖去擀面，而用装有摇臂的擀面机，利用杠杆、齿轮传动等原理很轻松地擀面和切面条。然而，摇臂式擀面机虽然节省了人力，提高了效率，但终究还是需要用人力的——这说明"费力"这个问题依旧存在，只是稍稍缓解罢了。于是有人在分析摇臂式擀面机的不足之后，有了生产电动擀面机的想法，现在的家庭里基本用的都是电动式擀面机，即节省了人力，也提高了效率。

这样的例子在互联网领域同样普遍存在，比如，以前人们主要通过方便面这个产品来解决快捷吃饭的问题，这解决了"快捷"的问题，但在口味上比较单一，还不尽人意；所以，随着移动互联网 O2O（Online to Offline）模式的发展，就有人推出了基于地理位置的"外卖"平台产品，这样人们就可以快捷地吃到各种各样自己想吃的饭菜了。所以，对于某个问题的解决是没有止境的，随着技术的发展、观念的转变以及其他因素的变化，都蕴藏着无限可以挖掘的新的产品创意和想法。

(3) 通过他人发现问题

除了自己发现问题，产品经理还可以借助第三只眼发现问题。也就是说除了亲力亲为，可以通过其他媒介去发现问题，产品经理只要就此问题提出产品想法就可以了。比如，一个领域里的专家，通过长期的跟踪研究，掌握许多该领域中人们所迫切需要解决的问题。那么，产品经理就可以通过与他们的深入交流和接触，从他们所聚焦的问题里，诱发自己的产品想法。

(4) 大数据预测

随着 5G 技术的成熟、万物互联的实现，人类将进入全面互联网的时代，人们无时无刻都活动在互联网上，在互联网上也就留下了许多"蛛丝马迹"，这些"蛛丝马迹"都是以数字化和数据化的形式存在的，当这样的数据越来越多时，就形成了大数据。通过这些大数据，也能够发现人们所面临的问题。例如：当我们发现越来越多的 25 ～ 40 岁的人们讨论着应试教育让他们倍感忧虑的话题，或许就能启发一个教育产品经理去想法解决此问题。

另外，现在互联网上还有很多社区尤其是问答社区，当人们遇到问题的时候，都愿意将自己的问题发表出来，以寻求解决方案。像"百度知道"社区里，分门别类"躺"着数以万计的问题，一个有心的产品经理从中可以发现很多产品想法的线索。

总而言之，善于发现问题是产品设计的原始开端。

虽然用户面临的问题各种各样，但产品想法的建构并不能面面俱到、眉毛胡子一把抓。如果什么都照顾到，什么都关注到，那形成的产品想法就可能不聚焦，也就没有核心、没有支柱，最终就无法形成一个有生命力的产品。所以，产品经理在发现种种问题后，还要善于透过现象抓本质性问题。什么是本质性问题呢？就是那些对用户来说是最迫切需要解决、感受最痛苦的问题，行话一般把这样的问题叫作核心需求。基于核心需求而生发的产品想法，更具有针对性，也更具有生命力。那么，如何才能抓住用户的核心需求呢？其实就是要通过一套分析思维和工具，抓住事物的主要矛盾。核心问题一般可从两个方面界定：一个是问题发生的频率；一个是问题造成的感受程度。感受程度越深、频率越高的问题，自然就是核心问题，如图4-2所示。

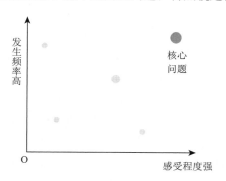

图4-2 核心问题

所以，在产品想法酝酿与建构时，关键是要抓住用户核心问题不放，以解决某个用户群体的一个核心问题为初心，这是一个产品诞生的核心逻辑起点。

2. 产品概念的进一步建构

一个初始的想法是粗略、模糊、概要、似是而非的。当产品经理针对某个核心问题有了些许想法时，进一步明晰为产品概念还需要进行一个建构的过程。把一个想法进行清晰化建构，就是按照合理的逻辑，进一步明确想法，形成相对比较清晰的产品概念的过程。这就需要产品经理进一步追问以下几个基本问题。

（1）自洽性验证：想得够清楚吗

最初的想法很有可能只是一个粗胚，需要产品经理不断进行再次自我拷问，进行自洽性验证，自己不断追问自己：自己的想法是否有针对性，是否符合推理的公认逻辑，是否经得起专业化的推敲……

（2）概念清晰度验证：能清晰地概括吗

一个想法是否成熟与清晰的重要标志是该想法能用清晰的语句概括表达出来。如果一个产品经理都无法对某个所谓的产品想法进行言简意赅的概括，无法用清晰的文字概括和语言表达，说明想法还不够清晰，还不足以支撑去定义一款产品出来。

（3）三角验证：想法有人认可吗

当产品经理觉得自己的一个产品想法越来越清晰，就可以将自己的想法与周边的人进行交流，征求他们的意见，看看他们对此想法有何看法，是否认可该想法。比如，将自己的想法分享给同行，让同行给予反馈；也可以将自己的想法讲给潜在会受益的用户听，看他们是否真的觉得该想法对他们有帮助。通过这样一个三角形的小范围流转沟通，能够让初始的想法在流通与碰撞的过程中，不断锤炼和清晰化。经过上述的酝酿和建构，一个相对比较清晰的产品想法诞生，一个基本的产品概念就形成了。但此时的产品想法和概念还只是更多地出于自上而下的建构，还未经大众化验证。到底该想法和概念能否最终发展成为成型的产品，还需要基于对市场、用户和竞品的分析进行更广范围的分析与论证。

4.2.2　产品分析与论证

产品经理在设计一款互联网产品时，一开始是先有要做某款产品的想法，逐渐通过更深入的调研和思考，形成了一个基本的产品概念。接下来要做的就是对产品的论证分析，论证分析的目的和作用在于进一步分析确认：产品的假设是否成立，产品要解决的问题是否真实存在，产品是否切实被某个群体所需要，产品在现有的资源、能力条件下是否能够按设想实现，产品的盈利方式是否可靠，产品的商业模式是否成立，产品的核心竞争力是否明显。这些直接决定了产品是否能够最终成功被设计和实现，因为如果分析论证的结论是肯定的，那么将有一款新的产品诞生，如果分析论证的结论是否定的，那么关于这款产品的设计工作可能就此打住。

然而，该怎样分析论证并预估这款产品是否能够取得成功呢？具体来说，可以通过市场环境调研分析、用户研究以及竞争态势分析几个方面来评估。例如，关于用户研究需要搞清楚以下几个主要问题：产品的主要用户有什么特点？产品面向的用户规模有多大？用户使用这个产品的频率是多少？用户对这个产品的依赖程度有多强？等等。

产品分析阶段，就是要从外部的市场、用户、竞争以及内部的资源、条件等方面不断进行层层剥茧式的分析，不断聚焦确定核心产品意图，推导产品定义，树立产品定位和方向。通过这一过程，让产品的目标更明晰、基础更牢固、定位更精准。当然，有时会存在这样一种情况，通过深入的分析论证，我们发现已有的产品概念背离了实际的市场需要，脱离了现实资源的承载能力，不具有设计的必要性和可行性。一旦出现这种情况，就要立即终止产品的设计。

1. 市场分析

在互联网世界里有一句堪称哲理的名言：在正确的时间做正确的事情。更通俗地说，正如小米手机的创始人雷军所说："在风口上，猪都能飞"，这个风口指的就是当下的行业大势。在设计一款互联网产品之初，对于所做产品的市场环境进行分析必不可少，这可以验证所做的产品是否恰逢其时、顺应潮流，只有顺应潮流、独具一格的产品才有价值，才能得以存活，取得成功。

市场其实是产品赖以存在和运行的外部环境，市场分析就是对这个外部环境进行调查研究，以此为依据洞察产品机会，制定产品战略。市场分析包括对宏观大环境的分析以及在宏观大势之下的具体产业环境的分析。

宏观大环境包括科技、社会经济文化等发展的现状和趋势，这些因素都有可能对所设计的产品产生支撑或阻碍作用，比如没有互联网技术的出现，就根本不可能实现互联网产品，没有观念和习惯上对移动支付的接受和信任，就不可能诞生一系列基于移动支付的移动互联网产品（如外卖、打车等）。所以，宏观大环境对产品的诞生与发展有着根本性的决定作用。

产业环境分析就是在宏观大势之下，聚焦到欲设计的产品所在的具体行业，看看这个行业的生命周期是什么样的，行业的价值链条是怎样的，再就是产品的市场容量预测以及目前行业同类产品的集中度等。具体而言，产业环境分析是对产品所在的市场规模、位置、性质、特点、市场容量及吸引范围等进行的量化分析。简而言之，就是分析产品的市场在哪里、有什么特点、规模多大。具体到互联网产品的市场分析上来看，做市场分析主要是解决下面几个问题：

① 产品的市场容量有多大？主要就是用户群体有多少，产品有多少用户会用，有多少人会付费。

② 用户的需求频次高还是低？产品的高频低频需求主要是根据用户对产品的使用频次高低、用户重复选择率高低来决定的。例如，微信使用频次较高，用户选择率也高，所以，微信属于高频产品；旅游类的产品则属于中频产品；而母婴类的产品则属于低频产品。

③ 市场的发展趋势是怎样的？未来该市场会不断扩大还是萎缩，哪些发展趋势对你所做的产品是利好的，哪些是不利因素。

市场分析的意义在于识别出产品的外部机会和威胁。所谓机会就是一种趋势或一个事件，如果对此作出战略响应就能够带来竞争地位上的积极转变。所谓威胁就是一种趋势或一个事件，如果不对此作出战略响应，就会造成对竞争地位的消极影响。所以，正确的市场环境分析，是制定正确有效产品战略的基础。

2. 竞争分析

竞争分析最早源于经济学领域，是指对现有或潜在竞争产品的优势和劣势进行评价。简而言之，即是否已经有别的产品已经先你一步解决了你想解决的问题，或者说它们解决的方式在哪些方面做得好，可以被你的产品借鉴，哪些做得不好需要你的产品规避。所以，竞争分析其实是市场分析的延续和聚焦，是专门针对产品的竞争环境进行分析。

竞争分析最主要的目的有三个：一是了解市场，看清市场的发展趋势，找准市场切入点；二是了解竞争对手，同时发现潜在的竞争对手，了解竞争对手一方面是借鉴吸收或者升华别人的长处，他山之石可以攻玉，另一方面是规避、改进别人存在的缺陷；三是进一步深化认识用户的需求，把握需求对应的功能点和界面结构，并侧面了解用户使用同类产品的习惯。

在竞争分析中，首先要正确地确定竞品的范围，一般来说，竞品可以分为 3 类，分别是直接竞品、间接竞品和潜在竞品。

① 直接竞品是指市场上已存在的产品与我们的产品定位在市场方向目标、针对客户群体、产品功能、用户需求等方面相似或一致的产品。例如，网易邮箱的直接竞品有搜狐邮箱、QQ邮箱等。

② 间接竞品是指市场上已存在的产品与我们的产品定位属于同行业但细分用户群体不一样，且产品优劣势互补的产品。例如，要分析一款药物电商类产品，它的间接竞品可以是看病挂号类、慢性病护理类的产品。

③ 潜在竞品是指与我们产品的目标用户相似，暂时没有我们产品的功能模块，但是通过后期升级，可以加上此类模块的产品。例如，腾讯的微信和电信运营商的彩信服务，原本微信是互联网即时语音通信产品，彩信是电信运营商提供的通信服务。起初，在微信还没有发送图片、动画、视频的功能时，电信运营商根本就没有意识到它是彩信的潜在竞争对手。如今，微信加入图片、动画通信后，就直接成了彩信的竞争对手，手机彩信从此被微信取代。

对竞争对手分析尤为重要，竞品是衡量产品在整体市场中地位与价值的重要组成部分。如果说别的产品已经很好地解决了你所关注的问题,那么说明你已经落后一步。当然,做竞品分析,更多的是要挖掘出别人没有做好的点,把它做到最好,这便是你的产品区别于其他产品的价值所在。

很多产品新人都是从做竞品分析开始,互联网企业甚至在招聘面试阶段就开始向产品求职者布置竞品分析的任务。产品经理首先要学会做竞品分析,这是基本功。

具体来讲,如何对一个竞争对手产品做完整的分析呢?

本书第 2 章介绍了产品的用户体验要素,即战略层(产品定位、用户需求)、范围层(主要功能)、结构层(信息架构)、框架层(交互设计)、表现层(视觉设计)。其实这些要素既定义了产品的战略意图和核心本质,也规定了产品的具体表现形式。所以,竞争分析中关于产品方面的分析,就可以从这五个维度去分析,最后再加一个维度——商业模式,就可以比较全面地分析了解一个竞品的全貌。

(1)战略层

战略层主要描述互联网产品的目标、产品的定位以及优势的对比。

(2)范围层

范围层主要描述互联网产品包括哪些功能,满足用户的哪些需求。范围层更倾向的是描述这个产品给用户提供了什么。当存在多个竞品时,用表格列出产品功能做对比,是一个比较实用的方法。

(3)结构层

结构层是整体的一个概念结构,主要体现在如何让零散的需求成为一个整体,然后呈现于用户面前。

(4)框架层

框架层主要描述交互表现,即产品页面的布局、导航等表现。

(5)表现层

表现层主要描述界面的颜色、配色方案或布局风格给人视觉上带来的一些感受。

一般来说,产品经理的岗位职责不会涉及过多的视觉设计层面,大公司一般会有专门的人做视觉方面的竞品分析,所以对于产品经理来说,在表现层的比较上面可以略过或者简单分析其风格,把主要精力用在前 4 个层面上。

(6)商业模式

商业模式主要描述产品以什么方式被用户广为接受并为用户创造价值,产品最终通过谁、以什么方式获得利润,即产品怎么赚钱。

竞品分析主要是从以上几个方面分析竞品的各种情况,并总结其优劣点,从而梳理和定位自己产品的差异性价值。例如,如果做一款旅游产品,就可以分析途牛旅游网、同程网、面包旅行等旅游竞品,通过思考对方的产品策略、产品功能、市场数据、交互设计和运营方式,对比总结出竞品的优势和劣势,再结合自己构思的产品,才能做出更好的产品所属行业的分析判断,找到自己产品的突破点。值得注意的是,竞品分析切忌做成"功能流水账",一定要有自己的分析,结合用户需求、实现代价、产品现状来思考,切忌盲从空谈。

本书的第 4 章专门介绍竞争分析的几个专业工具和方法；在本章最后的拓展资源里，我们会提供一个竞品分析参考模板和实战案例。

3. 用户研究

用户研究顾名思义就是研究用户。具体来说，首先是研究用户的需求，即用户存在需要产品帮其解决什么的问题；其次是研究用户的特征，即用户的年龄、性别、身高、体重等人口学特征以及相关联的心理特点、行为特点等；还有就是用户使用所要设计的产品的场景研究，即在什么时间、什么空间、什么条件下，用户会用到该产品以及使用的方式、程度、频率等是如何的。

用户研究并不是一个新兴的概念，很多传统行业的产品为了打开市场，除了通过广告、价格等手段强化自己的地位，还需要细分自己的用户群体，做精准营销。这时就会用到用户研究，用户研究为传统行业的发展发挥了巨大作用。

同样，互联网产品设计者为了确保互联网产品的设计更精准地匹配用户需求，保证产品的成功，对互联网产品做风险性分析与效能评估的时候，也需要做用户研究，目的是获得用户使用场景、用户画像（姓名、照片、个人信息、经济状况、工作信息、计算机互联网背景等）、用户需求，进而便于有针对性地给出解决方案。

那么，该如何做用户研究呢？分析研究用户最常用的方式有两种，分别是定性分析和定量分析。

（1）定性分析

定性分析主要凭分析者的直觉、经验，凭分析用户过去和现在的延续状况及最新的信息资料，对被分析用户的性质、特点、发展变化规律作出判断的一种方法，定性分析一般都是用文字语言来进行相关描述。

在做用户定性分析的时候，主要通过两种方式：一种是间接方式，即分析者和其他熟悉目标用户或者与目标用户接触的人员协作获取用户信息；另一种是直接方式，即分析者直接与用户接触做用户访谈。例如，一家互联网公司的产品经理，可以和商务（销售类）、运营部门的同事协作来获取用户信息，因为商务和运营部门每天都要接触用户，所以要想了解用户，和他们协作是一种不错的方式；也可以和用户面对面访谈，值得注意的是，在约用户访谈之前一定要明确访谈目的，并设计访谈提纲，这有利于用户访谈环节的展开。

因为定性分析中的间接方式比较容易实现，这里不做详谈。接下来详细介绍定性分析中的直接方式，即怎样做用户访谈。用户访谈的基本过程如下：

① 明确访谈目的。

明确访谈目的是用户访谈的首要问题，产品经理需要在明确目的的前提下与访谈者沟通，再结合用户提供的内容，挖掘访谈者的特征和需求，并一一记录下来，以便于分析得出结论。

② 明确访谈主题。

为了提高访谈的效率，访谈者需要尽快熟悉访谈主题的相关知识或对应的产品。如果访谈者不熟悉这些内容，将会直接影响访谈的进程和品质。

③ 设计访谈提纲。

明确访谈目的之后，需要根据访谈目的设计访谈提纲。访谈提纲的设计符合以下两个原则：

• 访谈提纲的题目设计总体来说要由易变难。

访谈题目要设计得简单一些，方便拉近与访谈者之间的距离。比如做某电商产品的用户访谈时，可以先简单问一下访谈者平时的购物方式、购物平台、使用频率、遇到的困难等，然后再慢慢切换到较复杂的题目，比如对这款电商产品的具体细节的看法、要求等。就这样一步步从易到难，逐步与访谈者建立信任。

• 题目的描述尽量通俗易懂，尽可能避免专业词汇。

访谈者一般对产品专业词汇了解较少，过多的专业术语只会使访谈变得不顺畅，消耗时间，甚至让用户不耐烦。所以在设计访谈提纲时，需尽可能避免专业词汇，使用访谈对象能听得懂的语言与之交流。

④ 用户访谈后的整理。

访谈结束后，需要及时整理访谈纪要，输出给需要了解这些内容的需求方。如果在产品的研发设计过程中，写访谈报告输出给到需求方可能会比较慢，那么可以选择进行一次用户访谈会议沟通，反馈讨论用户的想法，达到访谈的目的。

在做用户访谈过程中，要注意下面一些细节的把握：

• 用户访谈过程中，必要时可以根据具体情况偏离提纲上的问题随机添加问题，比如谈到某个主题，事先设计访谈提纲时你并未考虑到，而这个点被判断为对你的访谈主题至关重要。

• 在询问时，要留心用户的回答，密切关注受访者回答问题的方式，不要只照着提纲上面的问题呆板地提问，对话方式要自然一些，确保收集到的是用户真实的感受和想法，而不是迫于某种压力或无奈说出一些口是心非的内容。

• 访谈的任务不是照着访谈提纲走一遍流程，最终目的是收集有用的信息，我们需要根据访谈情况追问问题，这些问题可以帮助团队开发用户真正需要的产品。

随堂案例

一款名片交换 APP 产品的用户访谈节选示例

访谈一：

访谈对象背景：大三女生，社科学专业

Q：一般会在什么场景下与人交换联系方式？

A：很少主动地说。一般都是课程的小组需要讨论、认识新的朋友，以及换了联系方式的老朋友之间会留联系方式。

Q：会对不同的人留不同的方式么？

A：会啊。一般都是关系很好的人才用手机，一般关系会用微信。但像一般的课程作业，可能就只留个邮箱就好了。

Q：那平时哪些联系方式用得比较多呢？

A：这要看心情的。如果是比较熟悉并且想联系的人，就会什么方式都尝试去联系他。比如手机、微信等，但是比较不愿意别人主动来联系自己。如果有想联系的朋友，会很主动地跟他打电话，有一直在联系的高中同学。

Q：平时会使用社交网络吗？

A：我是个对于社交网络特别不喜欢的人。注册了的社交网络是为了看通知，也不太会用社交网络去维护人际关系。不过在上面跟许久未见的朋友聊天还是会有的。

访谈二：

访谈对象背景：大四男生，机械系

Q：一般会在什么情况下与人交换联系方式？

A：就是说别人问我要，或者是交换联系方式时。一般认为那个人不完全陌生的时候。

Q：可以给个场景么？

A：要看我跟他认不认识，在什么场合。（什么场合会给联系方式呢？）如果我跟他见过几次面，或者以后还会有见面的机会，需要交流，我就会给联系方式。如果就是……（碰到搭讪？）那肯定不会。

Q：一般会交换什么信息？（QQ？微信？微博？）

A：一般都是手机吧。微信和QQ，都不会主动去加人，会根据共同好友数来判断这个人。

Q：会不会主动跟人交换联系方式？

A：一般有需求的时候会交换。（一般什么时候主动留联系方式？）一般是我要找他办事。找他有事，有合作的东西。

Q：可以举个最近的例子吗？

A：实验室有个工程师。有些问题需要问他，有些东西需要他答复。

Q：一般做小组作业，会留联系方式吗？

A：会啊。一般会只留电话。如果要找人，一般都是打电话或者发短信，不会用邮件这种慢慢的方式的，所以交换手机号就可以了。

访谈三：

访谈对象背景：中年男子，50多岁，从事家电行业；中年女子，从事文具行业

Q：你们在什么场合会跟人交换联系方式呢？

A：一般来说就是老朋友见面，然后就是单位同事之间留联系方式。现在留得最多的还是电话。因为电话比较直接，肯定能找到人，不会耽误事情。还有一个必备的就是微信。

Q：那你们交换的时候会不会觉得很麻烦啊？

A：如果是手机，就直接拨打对方电话，然后对方不接，这样双方就知道了。如果手机不带在身边，那就写张纸条，微信好友一般通过QQ来加的。

Q：那一下子找很多人的信息，会不会记混乱呢？

A：一般不会吧。

Q：现在还在用名片吗？

A：碰到还在搞业务的人，肯定会交换名片的，因为信息多一点。

Q：怎么去保存这些名片？

A：会分门别类保存好的。如果是业务关系，会特别注意。因为有业务关系的人，短时间不联系，下回还是能用。短时间不用，以后也还是会用到的。搞业务的人，圈子很重要，所以名片一定要收集起来。

Q：一般搞业务会留哪些信息呢？

A：如果是中国客户的话，会留 QQ 和微信；如果是外国客户，一般会用邮箱和手机。

（2）定量分析

定量分析是通过大量样本、数据等客观证据对用户的特征、需求场景、目标、行为进行研究分析，主要是用具体数字进行描述。在做用户定量分析的时候，主要通过问卷调查法调研收集数据。

值得注意的是，在展开问卷调查之前，需要明确问卷调查目标——即要调研的是什么。要明确调研的所有目标，因为再次投放调查问卷会消耗大量的成本，所以要尽可能列出所有可能的潜在情况。同时还要明确调研对象——即目标用户模型，需要明确这个目标用户模型投射到现实场景是哪些用户、哪些群体。另外还要明确投放方式——线上还是线下？

一般都是线上多一些，使用线上的方式性价比要高。例如，可以在"问卷星"（一个可以开展在线调查的网站）填写好问卷，如图 4-3 所示，然后通过与产品领域相关的微博、微信公众号等渠道进行投放，然后回收，利用问卷星进行统计与分析，并在调查结束后分析与撰写用户调研文档。

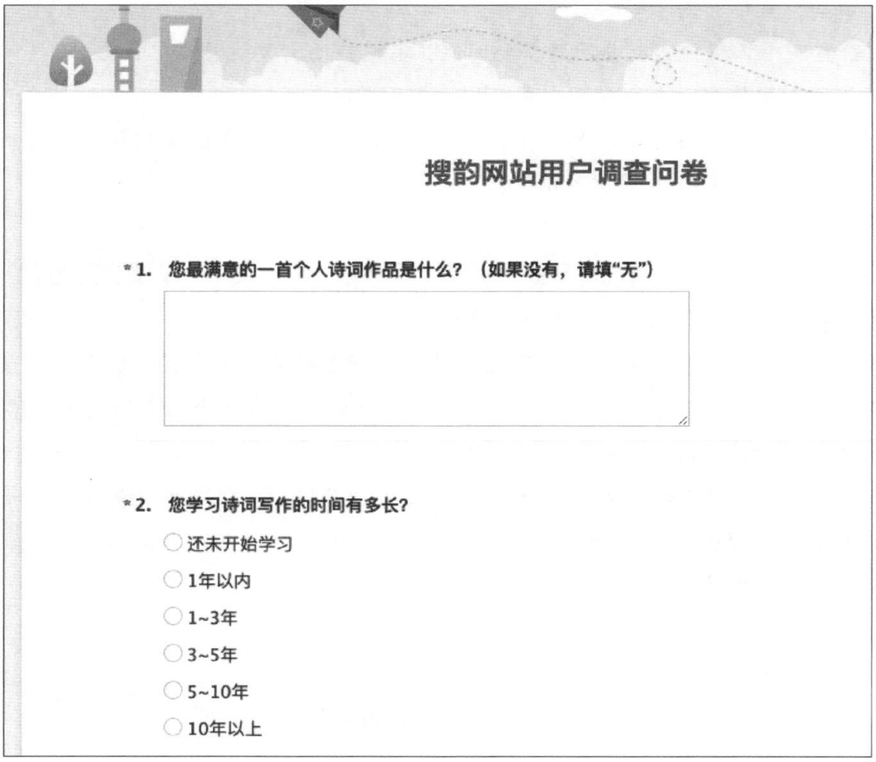

图4-3　线上调查问卷示例

定量分析中的线上问卷调查的基本过程如下：

① 设计线上调查问卷的目的和内容。

调查问卷的内容要做到条理化、具体化和可操作化，以便访谈者可以详细地了解本项问卷的目的和内容，配合问卷调查，才能获取有效的信息。

② 线上实施调查过程。

按照问卷设计要求，线上投放问卷，比如，可以在问卷星、微信公众平台和微博等平台进行线上投放。投放问卷一段时间后进行回收，进行下一步工作。

③ 数据处理分析，撰写调查报告。

通过用户反馈的问卷，在最大可能地保证准确率和可靠性的情况下，对问卷资料进行分析研究，并撰写调查报告。调查报告从探讨的问题开始，到研究所得到的结论和意义结束，整体都要完整表达，并做好调查工作的评估和总结。

实际工作中，定性分析与定量分析是统一的，并且是相互补充的。定量分析用于验证在定性用户研究时发现的问题和用户需求（用户需求的真伪），让定性分析更有说服力，定性分析是定量分析的基本前提，没有定性的定量是一种盲目的、毫无价值的定量；定量分析使定性分析更加科学、准确，它可以促使定性分析得出广泛而深入的结论。当然，在互联网产品设计过程中的调研分析，与其他领域、行业的调研分析在方法逻辑上并无差异，只是在目标、内容上追求不同而已，关于定性、定量等调研分析方法、手段、工具等方面的知识，也可以通过互联网、专门的教科书等拓展渠道进行更深入的学习和了解。

4. 可行性分析

产品可行性分析，就是分析论证当前现实条件下所具备的技术、资源等是否能够支持你的产品最终得以实现。产品的可行性分析需要从三方面考虑：技术可行性、经济可行性和社会可行性。

（1）技术可行性

在分析产品技术可行性时要逐项分析产品技术指标、技术风险及规避方法，对可能使用到的技术进行全面的分析，技术上是否有解决不了的问题，如果有，如何规避。

（2）经济可行性

分析完技术可行性后再来分析产品的经济可行性，产品在调研、研发等方面的支出费用和产品将来可能带来的经济、社会效益。

① 人力成本。产品的调研、分析、设计、开发、测试、运维等过程需要多少人力、多少时间，每个人月平均成本是多少。

② 软件、硬件成本。产品生产及上线后需要购买哪些软件及硬件，如产品用到的数据库、开发工具、第三方软件、服务器数量、路由器、网络等成本。

③ 市场开拓、广告、运营成本。产品投放市场后的推广、营销方式，需要的推广、营销成本，广告成本等。

④ 后期维护升级成本。产品需要不断升级，从1.0、2.0到3.0的升级，不断升级后需要的人力、资源等成本。

⑤ 其他支出。公司运营的成本，如办公成本、工位成本等。

最后综合评判，当下的经济状况是否可以完成产品设计与运营，成本支出和收益是如何的，是否可以支持产品持续运营迭代。

（3）社会可行性

广义的社会可行性分道德方面、法律方面、社会方面。

① 道德方面。产品是否符合道德标准，符合大众审美。

② 法律方面。产品不能触犯法律，否则产品不会走远。

③ 解决社会层面问题方面。产品一定是要解决某类社会存在的问题，并能带来社会价值。否则，毫无意义，白白浪费社会资源。

④ 社会影响力方面。通过产品的推广，产品将会给公司带来哪些社会效益，增加多少社会影响力，这也是衡量产品价值的重要方面。如果产品推到社会上无人问津，那也就没有推出的必要性。

产品经理通过以上分析，基本可以从各个方面诠释出产品的可行性。可行性分析是通过对产品市场需求、资源供应、建设规模、环境影响、资金筹措、盈利能力等，从技术、经济、社会等方面进行调查研究和分析比较，从而给出产品的建设性意见，为产品决策提供依据。可行性分析应具有预见性、公正性、可靠性、科学性的特点。最终目的是给出产品可行还是不可行的结论。

当然，在分析过程中，产品经理是主导者，并不是所有的环节都需要自己亲手去完成，比如关于技术可行性的分析，产品经理可以要求技术负责人参与具体实施，产品经理需要熟练掌握的是，要分析哪些方面，并找到合适的解决办法，得出正确的结论。

4.2.3 产品需求规划

某一个产品想法经过分析论证，如果结论是该产品切实可行，并且基于市场的洞察、用户的研究和竞争形势的研判，确立了自己要设计的产品的战略，即产品的宏观方向、总体目标和大致路径。简单来说，战略的规划与制定，解决的是"做什么""为什么做""要成为什么""如何成为"的问题。

战略确定之后，紧接着就要进入具体的需求梳理阶段了。在此阶段，需要开展的工作有需求的采集、筛选、分析界定等，概括地说就是需求的管理过程。

1. 需求及需求管理

（1）需求

产品的本质目的是要解决用户的问题，满足用户的需求，所以说产品因需求而生。首先了解什么是需求，在互联网产品设计中，需求可以分为用户需求和产品需求。用户需求就是用户因为想解决自身存在的困难和问题而提出的需要和要求。用户需求的本质是由"欲望"驱动的利己倾向，比如过去人们为了行军更快，希望有更快的马车。所以，要想成为一名优秀的产品经理，一定要能够感知和洞悉用户的欲望，例如，用户的贪婪、权利、金钱、利益等。

用户需求一般是由用户、场景、目标、任务构成，具体描述如下。

① 用户。需求的主体是人，即用户。互联网产品致力于解决用户的问题，所以用户是互联网产品需求的来源，例如，汽车的出现，源于人们对于更高交通效率的需求，计算机的出现，源于人们对高效办公的需求，网页的出现，源于人们对提高信息共享效率的需求。所以，做需求管理，首先要搞清楚需求的主体——用户是谁，要充分认识需求主体用户的特征、感受。

② 场景。场景可以理解为用户使用互联网产品的所处背景或者环境，场景可以是具体的，也可以是抽象的。例如，用户在选择使用外卖订餐软件（如美团外卖、饿了么）订餐时，场景就是用户感到饿了又不想自己做饭，同时也不想出门去饭馆吃饭。再如，用户打算从故宫到首都机场，是选择坐地铁还是机场大巴，这时候用户的选择对场景依赖就很强。如果是下班晚高峰且距离飞机起飞的时间也不多了，选择地铁不会因为堵车而误了飞机；如果距飞机起飞还有很久，这时可以忽略时间成本，选择机场大巴一边欣赏着窗外的风景一边按部就班地到达机场。所以，讨论需求，离不开对场景的分析，通过对场景的深入分析，往往会发现很多潜在的需求。场景不同，同一个用户群体的需求也可能不同。

③ 目标。用户的需求，归根结底就是用户想通过产品达到自己的目标，比如通过订餐软件来达到吃饭果腹的目标，通过打车软件来实现到达目的地的目标。

④ 任务。在实现目标的过程中，会产生用户与产品之间的交互，这就是任务。具体来说，用户想通过某个产品解决自己的问题，总是需要与产品接触，去做一些操作才能实现自己的目标，某个人想在 3 个小时内快速从北京到达上海，飞机这个产品可以解决这个问题，但他总得登上飞机才能实现他的目标，不登上飞机只是远远地看着飞机，飞机飞走了他也还是完不成 3 小时内从北京到上海的目标。所以，在分析界定用户需求的时候，要明确用户需要做的操作，即任务。

在实际工作中，分析每一个需求时，用户、场景、目标、任务这四个因素缺一不可，只有这样，才能尽可能全面地进行需求管理。

（2）需求管理

在产品的整个生命周期中，产品经理会收到来自各个方面的各种各样的需求，但是产品并不一定能解决所有的需求，因为每一个需求的必要性、重要性和实现成本都不同，需要经过深思熟虑的分析和计划，抓住重点解决核心问题，避免盲目地鼻子眉毛一把抓，把产品做成"四不像"，随意地决定需求或者变更需求，这样很容易导致工作混乱，所以产品经理首要的工作就是对需求进行管理。需求管理是指对用户需求进行采集、分析、界定、筛选和排序等过程。

对于互联网企业而言，产品需求管理是产品研发的核心环节，产品需求的正确与否直接影响产品的开发周期、开发成本、运营成本，甚至直接决定了产品的市场竞争力。只有明确用户的需求，并对需求进行进一步收集、甄别、筛选，才能做好互联网产品的需求管理。互联网产品的需求管理主要包括需求采集与分析、需求筛选与界定两个阶段，接下来分阶段来进行叙述。

2. 需求采集与分析

需求采集解决的是如何把需求收集起来的问题，需求分析解决的是把用户需求转化成产品需求的问题。

（1）需求采集

需求一直存在，把市场上的需求收集起来是进行产品需求管理的第一步，需求收集得到的各种用户需求素材是产品需求的唯一来源，可以说需求收集的质量影响着产品最终的质量。收集需求的来源如下：

① 直接调研获取。

解决用户的问题，满足用户的需求，最直接的方式是从用户那里调研获取需求反馈。直接调研获取需求就是直接通过各种调研手段，从目标用户那里获取用户的需求。前文已经详细描述过用户调研的手段和方法，利用这些方法可以直接就某个领域的需求向用户收集一手的信息。

除此之外，还有一些收集用户需求的方法，包括原型法、产品概念测试、产品试用测试等。

原型法。

原型法是指在获取一组基本的需求定义后，利用高级软件工具可视化的开发环境，快速地建立一个目标系统的仿真版本，并把它交给用户试用、补充和修改，再进行新的版本开发。反复进行这个过程，直到得出系统的"精确解"，即用户满意为止。

产品概念测试法。

产品概念测试法指有针对性地选择目标消费者，将产品概念描述给他们，获得消费者比较系统的评价与信息反馈，有时被称为概念测试。产品概念可以用文字、符号、多媒体或实体形式来表示。比较理想的表示方法是呈现产品的实体或多媒体形式，但是为了测试方便以及商业上保密的需要，一般使用文字或图画形式来描述产品概念。

② 次级市场研究获取。

次级市场研究是指基于最初由他人收集而来的数据进行的研究，从而获取用户的需求。一般而言，次级市场研究的资料来源包括：

政府统计报告。

公开出版物。

报纸和杂志。

商品展会。

组织年度报告。

研究类出版物。

专利。

在线博客与论坛。

比如，产品设计者就可以基于已有公开资料对某个行业进行分析研究，从而得到用户的需求。行业是用户和产品所处的大环境，用户和行业就像鱼和水的关系，鱼离不开水，用户也离不开行业，所以研究用户所处行业是十分重要的。例如，单车共享系统的建立，可以有效缓解城市交通压力，极大地提高用户的出行效率。无论从解决社会问题的情怀角度，还是从落地执行的商业角度，或者承载需求的产品角度，共享单车的模式是可行的，所以，就有了很多创业团队从这里入手做了共享单车这类产品。

③ 竞品分析。

在开始入手设计一款产品时，竞品分析是绕不过去的。在分析竞品的时候，除了分析竞品的市场、定位、目标人群等宏观上的内容，一些功能点等细节也需要认真地整理与总结，以便在设计自己的产品时借鉴其长项，规避或优化其弱项。因为前文已经详细描述了竞品分析的分类和方法，这里就不再赘述。

④ 间接人士。

在上文用户调研部分讲到了间接调研方式，即分析者和其他熟悉目标用户或者与目标用户接触的人员协作获取用户信息，比如在互联网企业组织里，商务运营部门或者客服部门人员就属于与目标用户接触的人员，通过和这些部门的人员沟通，也可以间接收集到用户的一些需求。尤其是客服部门，用户在使用产品过程中觉得不好的体验往往都会向客服投诉、反馈，所以，客服人员最清楚客户反映最强烈的关于产品的问题是什么，产品需要优化的点是什么。

⑤ 权威人士。

在做产品设计的时候，一些行业里的专业权威人士，往往能够根据自己的经验和判断，提出自己对产品的需求，这也是一种获取需求的来源。比如在一些互联网公司中，公司负责人一般打拼多年，对行业发展态势理解深刻，他们常常会直接提出需求。但是需要注意的是，虽然上司有过人之处，但往往也会提出一些模棱两可的需求，产品新手遇到这种情况容易不知所措。其实有时候上司提的需求只是一种表象，并没有表达出真正的需求，这就需要与其沟通清楚真实需求，找出一个合理的解决方案。

收集到的需求都要记录到需求池（就是把需求汇集在一起的地方）中，在后续工作中，再对需求池中的需求进行进一步分析、筛选与评估。比如，某产品登录注册功能模块的需求池模板如表4-1所示。

表4-1　需求池模板

编号	需求说明	影响模块	评估标准	处理结论	来源人	进度
01	提供语音验证码功能	登录/注册	登录/注册行为成功率	优先级高	××用户	处理中，预期××上线

（2）需求分析

需求采集完成后，罗列出各种各样的需求，但这些需求还都比较零散，其中有些需求是用户从个体自身的情况考虑，只是从利己的角度对于产品的某个功能提出自己的期望，这样的需求立足点比较狭隘。所以，需要对收集到的需求进行归类、提炼等分析，从而能从更宏观的视角，更有利于满足大多数用户群体利益的角度，确定需求的范围和实现方式。如果无限度地满足用户的所有需求，必然导致产品变得臃肿并且失去核心功能。产品经理必须能够挖掘产品针对目标用户群体的共同需求，规划的产品功能要致力于解决用户群体所面临的共性问题。这就需要产品经理分析判断出哪些需求是用户需要的，哪些需求是伪需求，哪些是重点需要优先解决的需求，哪些是可以后续解决的需求。

对用户需求进行分析的目的是要确定产品需求。产品需求是指为了满足用户所提出的需要和要求，产品需要设计具备的功能和体验。例如，在马车作为交通工具的时代，用户提出的需求是要跑得更快的马车。福特公司的产品经理通过分析后认为，用户的本质需求是想让交通速度更快，至于是不是马拉的车其实无所谓。所以将这个用户需求转化成产品需求，则是制造由电气动力驱动的跑得更快的车，由此也驱使汽车这个新产品诞生。

因此，需求分析的过程就是从用户提出的需求出发，找到用户内心真正的需求，再转化为产品需求，如图4-4所示。

图4-4　用户需求与产品需求的关系

在实际工作过程中，常常使用单项需求卡进行需求分析，如表4-2所示。

表4-2　单项需求卡

日　　期	记录人
问题提出人	
用户问题	
用户实际需求	
产品需求（解决方案）	

在日常实际工作情况中，用户问题、用户需求、产品需求有时一致，有时却是不一致的，需要进行分析之后才能得出产品需求。

表4-3所示的情况，就属于用户问题、用户需求、产品需求三者一致的情况。

表4-3　单项需求卡示例1

日　　期	20170425	记录人	张小花
问题提出人	高校长——理想学校主管信息化工作 高校长在校园信息化方面有其特色和要求，××××		
用户问题	增加按"学号"查找学生的功能		
用户实际需求	增加按"学号"查找学生的功能		
产品需求（解决方案）	增加按"学号"查找学生的功能		

表 4-4 是用户问题、用户需求、产品需求三者不一致的情况。

表4-4　单项需求卡示例2

日　期	20170425	记录人		张小花
问题提出人	高校长——理想学校主管信息化工作 高校长在校园信息化方面有其特色和要求，××××			
用户问题	支持上传教学影片视频			
用户实际需求	非常便捷地上传视频并保障成功			
产品需求（解决方案）	便捷大容量视频上传客户端工具			

3. 需求筛选与界定

（1）需求评估与筛选

通过多种需求采集方法收集了大量的用户需求并将其通过分析转化成产品需求后，在进行产品设计前，会预先对需求进行筛选与评估。需求筛选与评估的目的在于做优先级判断，判断哪些需求是必须要满足的，哪些是可以延迟满足的，而哪些又是可以不用考虑的。

需求评估与筛选考虑的因素有挖掘用户真实需求、技术可行性、开发成本等，具体如下：

① 挖掘用户真实需求。每一款产品都是用来解决用户问题的，这些问题就是这个产品的核心需求。通过分析用户提出的问题，深入挖掘用户的真实需求是非常重要的。有时候用户提出的需求，我们不能完全照着做，因为他们表达的可能并不是其本质诉求。比如，用户对一款美颜软件提出的需求是"能让脸变白"，但这个需求背后的本质需求是"能把脸变美"，要让脸变美，不是光靠白就可以的，还要考虑脸型、五官比例等。所以，这时的产品功能需求应是：能够改变皮肤颜色、调整修改脸型，而不应该是能把皮肤修改成白色。

② 技术性需求。规划一款产品肯定会有一些技术性限制，比如网络带宽、显示分辨率、PC端、移动端、操作系统等，如果用户提出的需求，超越了这些技术限制，就属于无效的需求。

③ 开发成本。如果用户提出的某项功能需求需要的人力成本较高、时间成本较高、实现的代价太大，那么人力和时间都投放在这项功能上，很可能会造成产品主线规划的功能不能按期完成，那么这项需求应被过滤掉。

④ 风险与回报。一款产品要想盈利，其获得的回报必须大于或等于其面临的风险。如果用户提出的需求恰恰导致产品被置于风险大于回报的处境，那么这项需求就会被过滤掉。

在分析确定需求的优先级时，还常常采用 KANO 模型，如图 4-5 所示。KANO 模型是现在互联网产品需求分析的一种普遍使用方法。这个模型是由日本东京理工大学教授 Noriaki Kano（狩野纪昭）和他的同事于 1979 年 10 月提出，并于 1984 年 1 月 18 日正式确定为"狩野模式"，也即 KANO 模型。

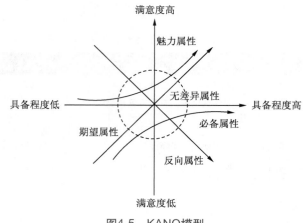

图4-5 KANO模型

KANO 模型定义了三个层次的用户需求：基本型需求、期望型需求和魅力型需求。

• 基本型需求。

基本型需求是用户认为产品"必须有"的属性或功能。当其特性不充足（不满足用户需求）时，用户很不满意；当其特性充足（满足用户需求）时，用户也可能不会因此而表现出满意。对于基本型需求，即使超过了用户的期望，但用户也只是达到满意，不会对此表现出更多的好感。不过只要稍有一些疏忽，未达到用户的期望，则用户满意度将一落千丈。对于用户而言，这些需求是必须满足的、理所当然的。

• 期望型需求。

期望型需求要求提供的产品或服务比较优秀，但并不是"必须"的产品属性或服务行为，有些期望型需求连用户都不太清楚，却是他们希望得到的。在市场调查中，用户谈论的通常是期望型需求。期望型需求在产品中实现得越多，用户就越满意；当没有满足这些需求时，用户就不满意。

• 魅力型需求。

魅力型需求要求提供给用户一些完全出乎意料的产品属性或服务行为，使用户产生惊喜。当其特性不充足并且是无关紧要的特性时，用户则无所谓；当产品提供了这类需求中的服务时，用户就会对产品非常满意，从而提高用户的忠诚度。

对于必须完成的需求，在产品发布时需要完成，同时完成尽可能多的期望型需求。如果时间允许，至少应该确定少量的能让用户兴奋的魅力型需求优先级，进入研发和发布计划。后续及时跟进用户的需求状态和类型，不断挖掘用户新的魅力型需求。

KANO 模型可以用来作为确定需求优先级的一个参考。值得注意的是，一个需求究竟应该归到 KANO 模型中的哪个类型，并不是一成不变的，而是动态调整的。随着时间的推移，功能会在模型中向下移动，例如，手机彩屏以前是期望的，而今天已经是必需的。

（2）需求范围界定

需求收集、分析、筛选与评估完毕后，就需要把需求转化为功能设计，汇入功能设计表格中，从而形成产品的功能列表，作为产品设计与实现的依据，如表 4-5 所示。

表4-5 功能设计表

名　　称	描　　述	优　先　级
功能模块1		
功能1	功能描述	
功能2	功能描述	
功能3	功能描述	
功能4	功能描述	
功能5	功能描述	
……	……	
功能模块2		
功能1		
功能2		
功能3		
……	……	

4.2.3 产品规划的结果

总结起来，互联网产品规划阶段，就是产品人员通过调查研究，在了解市场、了解用户需求、了解竞争对手、了解外在机会与风险以及市场和技术发展态势的基础上，根据团队自身的资源积淀、技术能力等情况以及自身业务的战略发展方向，制定出可以把握市场机会、满足消费者需要的产品的远景目标以及实施该远景目标的战略、战术的过程。通俗地说，就是界定清楚前进的方向和目标，按一定的框架结构对产品目标和功能进行有机搭建。

经过前述的一系列调研分析与论证的过程，最后需要得出产品的基本定位以及产品生命周期发展的基本规划两方面的结论。

1. 产品定位

对产品定位，实际就是确定产品区别于市场上其他产品的独特之处，也可以说是确定产品在用户心目中的地位，即产品给用户留下的印象是如何的。产品的定位，主要指的是确定产品在以下几方面的特性。

（1）确定产品的目标市场

确定产品的目标市场就是确定"为谁服务"的问题，即产品面向的用户群体是谁。在市场充分细化的今天，任何一种产品的目标用户都不可能是所有人。选定目标用户群体也不是随心所欲想服务谁就服务谁的，最根本还是从产品想法诞生的初心开始，产品一开始想解决的是谁的问题，那么产品的目标用户群体就应该是谁。

（2）确定核心需求

确定核心需求实际上就是界定满足目标用户"什么需要"的问题。在定位目标市场时，已经明确了产品的目标用户群体，对目标市场的需求确定，不是根据产品的类别进行，也不是根据用户的表面特性来进行，而是根据用户的需求价值来确定。用户在购买产品时，总是为了获取某种产品的价值。产品价值组合是由产品功能组合实现的，不同的用户对产品有着不同的价值诉求，这就要求提供与诉求点相同的产品，目标用户的核心诉求，就是产品的核心需求。

（3）确定产品的核心卖点

任何产品推向市场并不是必然地就会受用户追捧，因为市场上总是有各种各样的产品提供与你推出的产品相类似的价值。所以，要想让你所推出的产品在市场上能有一席之地，就需要使你的产品同其他类似产品相比有一些差异化的特色性能，能使用户感受更好、解决问题的效果更好，这样用户才会买你的产品。而这些区别于其他产品的差异化特色就是产品的核心卖点，产品经理在规划产品之初，对产品的核心卖点就应该了然于胸。否则，很容易设计出和其他产品雷同的产品，这样产品将没有任何竞争力。

（4）确定产品的形态

确定了产品的目标用户以及需要提供给用户的核心价值，紧接着的一个问题就是以什么方式将这些价值提供给目标用户。现在互联网产品的形态丰富多样，有 PC 网站、APP、多终端自适应 Web 等。在产品规划之初，就要根据产品功能和用户使用场景，来确定产品的形态。

综上所述，目标市场定位（简称市场定位），是指企业对目标消费者或目标消费者市场的选择；而产品定位，是指企业对应什么样的产品来满足目标消费者或目标消费市场的需求。从理论上讲，应该先进行市场定位，然后才进行产品定位。产品定位是对目标市场的选择与产品结合的过程，即将市场定位产品化的过程。

产品定位必须遵循两项基本原则，即适应性原则和竞争性原则。

适应性原则包括两个方面：一是产品定位要适应消费者的需求，投其所好，给其所需，以树立产品形象，促进用户持续依赖产品的行为发生；二是产品定位要适应产品经营组织（如某公司）自身的人、财、物等资源配置的条件，以保质保量、及时到达市场位置。

竞争性原则，也可以称为差异性原则。产品定位不能一厢情愿，还必须结合市场上同行业竞争对手的情况（如竞争对手的数量，各自的实力及其产品的不同市场定位等）来确定，避免定位雷同，以减少竞争中的风险，促进产品的价值传播和扩散。例如，B 企业的产品是为较高收入的用户服务的，A 企业产品则定位于为较低收入者服务；B 企业的产品某一属性突出，A 企业的产品则定位于别的某一属性上，形成产品差异化的特质。

2. 产品发展规划

产品的基本定位确定之后，紧接着需要对产品的发展路线做出规划，其主要包括产品的版本规划、功能扩展、用户群体扩展等方面的发展路线，产品经理必须对此有宏观把控。

每款产品都有其版本迭代的周期，每个特定的时间都需要对产品的现状进行一番梳理和总结，理清产品上线后的效果是怎么样的，接下来的方向应该怎么走。版本规划是产品经理根据需求优先级和开发进度预估定出来的，即每个版本要做什么、重点是什么、研发时间、上线时间等。在每个版本中，主要服务的用户对象及规模、重点功能等都需要有比较明确的规划。

做产品一定不能盲目地去加各种各样的需求，或者毫无目的地去做版本迭代。每个版本的需求一定都是基于产品的现状、目前市场的情况，最后基于产品发展的目的而去实施的。

结合前面已有的对产品需求进行分析、论证、梳理的基础，确定产品可以付诸设计后，即可着手对产品的发展路线进行规划，具体来说主要分四步：罗列功能特性、将功能特性分类、排列优先级、版本规划。

（1）罗列功能特性

基于用户和市场研究得到的需求称为产品的功能特性，通过头脑风暴或联想法等方式穷举出这些特性，就形成了产品的功能特性列表，这在前面需求分析与筛选时就已经有了基本的结果，这里直接将之前形成的功能列表拿过来进行完善就可以了。

（2）将功能特性分类

罗列出的功能特性是可以按场景、用途、流程先后次序等维度，分在不同的大类中的，比如按照 KANO 模型将这些功能特性分别归为不同的类型。需要注意的是，类与类之间要尽量满足 MECE 原则（MECE 原则是麦肯锡提出的一种整理思路方法，能够帮助产品经理呈现出分类清晰并且穷尽的结果），即"相互独立，互相穷尽"。

（3）排列优先级

明确产品定位后，理出产品的主要干线，确定主次功能模块，根据产品核心功能、商业价值、资源等维度综合考虑，可以把对应的特性进行优先级排序。

（4）版本规划

按照优先级排序好的功能可以进行版本规划，即第一个版本先做什么，第二个版本再做什么，以此类推。

需要注意的是，互联网产品的迭代周期非常短，崇尚"小步快跑，快速迭代"，这种模式也被称为"敏捷开发"，很多互联网公司都在使用这种模式。在快速迭代理念支持下的产品研发是"上线－反馈－修改－上线"这样反复更新内容的过程。

经过上述规划过程的结果，需要记录在案，以便于产品整体需求梳理完毕后输出产品需求文档之用。

4.3　产品具体设计

当完成了产品战略的确立以及产品需求的确定工作，产品的总体规划就算是完成了，接下来要做的是，根据产品战略和需求规划，进行贯彻战略和满足需求的具体产品设计。即产品的大结构大框架规划定稿之后，即可以按照规划的大骨架进行具体的细节设计。主要包括产品概念、产品的用例结构、业务流程、信息架构、交互体验、界面布局等的设计。通俗地讲，就是具体地对产品进行四肢、肉身的描绘和充实，让产品进一步鲜活起来。

4.3.1　产品名称设计

一个好的产品名称是产品被用户认知、接受、满意乃至忠诚的前提，产品的名称在很大程度上对产品的传播及被用户认可使用产生直接影响。一个产品走向市场，参与竞争，首先要弄清自己的目标用户是谁，然后设计一个能被这个目标用户群体接受和认可的名称。

一款产品的功能特性及使用价值固然重要，而一个好的产品名称也是十分重要的，主要体现在以下几个方面：

① 产品名称要有助于建立和保持产品在用户心目中的形象，要与用户的性格、气质相匹配契合。

② 产品名称要有助于使产品区别于同类产品。选择名称时，应避免使用在同类产品上已经使用过的或音义相同、相近的名称。如果不注意这点，难免会使用户对产品品牌认识不清而对产品认识模糊。

③ 产品名称要充分体现产品的属性所能给用户带来的益处，从而通过视觉的刺激，使用户产生对产品认知的需求。

④ 产品名称要符合大众心理，能激发用户的使用动机，例如，主打女性用户群体产品的命名应秀美小巧，主打男性用户群体产品的命名应雄健粗犷，针对儿童用户就应活泼可爱，而针对老年用户则应吉祥稳重。

那么，具体在设计产品的名称时，如何才能做到有利于传播和用户使用呢？一般可以遵循以下一些原则：

① 产品的命名要易于传播，不致被混淆。

② 名副其实，产品名注重一眼望穿，短时间内让用户知道产品是什么东西。

③ 产品命名要照顾到目标人群的理解水平做到雅俗共赏。

④ 产品名称如果能暗含技术功能、卖点和标准更好。

⑤ 一目了然，产品名称要短小精悍又好念好记。

4.3.2　产品功能架构设计

产品功能架构设计包括对产品的功能结构、用例结构、业务流程和信息结构设计。

1. 功能结构设计

产品的功能结构，通俗地讲就是结构化地界定一个产品可以用来做什么。

在互联网产品的需求管理阶段，经过需求的采集、分析、评估和筛选，最终确定的产品功能列表就界定了产品的功能，而且后面到了总体规划阶段，还按优先级等维度做了归类排列。然而，之前所列出的功能，只是做了大概的需求点的列举汇集，为了更清楚地展示产品逻辑，还要将这些功能特性按照某种逻辑进行结构化归集，这个过程就是产品功能结构梳理设计的过程。比如，以一款简单的看图软件产品为例，这款软件产品的功能结构就是：浏览图片、旋转图片、缩放图片、删除图片。对于旋转图片而言，又可以分为向左旋转图片和向右旋转图片；对于缩放图片而言，又可以分为放大图片和缩小图片，如图4-6所示。

对产品的功能结构进行梳理设计是具体化产品需求的第一步，旨在从全局的高度、逻辑化的视角，描绘产品的整体宏观架构。一般地，产品功能结构的设计，以该产品的核心定义为中心，首先梳理规划出大的功能模块，大的功能模块再进行细分功能的界定，甚至于有些细分功能也要进行进一步的细分功能界定，这样就形成了产品的功能结构。

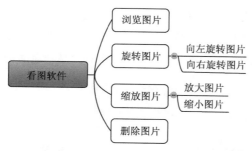

图4-6　看图软件功能结构图

　　上文提到的看图软件，只是一个功能十分简单的产品，现实情况中往往需要处理更为复杂的产品功能结构。把这个功能结构化的过程呈现出来，就形成了一张图形样的表现形式，称为产品功能结构图。在产品功能结构图中，产品的功能不再只是罗列或者按类别、优先级排列，而是按照产品的组成逻辑，进行结构化展示。

　　这样一来，同一优先级的功能可能就展示在不同的模块之间或者同一模块的不同层级之间。所以，对产品功能结构的梳理和设计，从产品设计的进程上可以理解为把产品需求界定时所得出的功能列表进行结构化的过程。在这个结构化的过程中，可能基于逻辑性或产品有机构成完整性等考虑，对产品的功能再次进行优化界定。让产品功能更具结构，也是给产品不断赋予意义的过程，让产品的概念越来越清晰、可理解。

　　通常用思维导图来梳理产品的功能结构，画思维导图常用的工具有 Xmind、MindManager 等，后面第 5 章对思维导图的使用方法将会做详细介绍，这里暂不赘述。

　　2. 用例结构设计

　　在完成产品功能结构整体梳理后，我们对需求的认识往往还是整体的、宏观的，随着分析工作的逐渐深入，产品经理分析设计出了整个产品的软件系统能够提供几个功能模块及其功能模块之间的结构关系，形成了产品功能结构图。

　　然而，这些功能模块到底提供给哪些角色使用还区分得并不是很明确，这就是产品经理需要进行产品设计的进一步工作——产品的用例结构设计，即指分析梳理用户角色与产品功能特性的关联对应关系。

　　比如，在线订餐系统的角色有用户和管理员两种。对用户角色来说，常用功能包括注册登录、查询菜单、编辑菜单、付款等功能；对管理员角色来说，常用功能则包括登录、食物管理、用户管理、订单管理、消息管理等功能，如图 4-7 所示。

　　对一个系统进行功能和角色方面的梳理和分析，可以采用绘制用例图的方法。用例图主要用来描述"用户、需求、系统功能单元"之间的关系，可以不考虑用户动作的前后次序，而仅仅提取一些关键的动宾短语，映射出系统应该满足的功能点。它表现了一个角色在系统里要完成的活动是什么，比如用户这个角色使用订餐系统的交互过程中，用户需要完成的活动有注册登录、查看菜单、签订菜单、修改菜单等，如图 4-8 所示。

　　从图 4-8 中可以看到这个系统中主要有两个角色：用户和管理员。这两个角色分别进行了不同的操作，根据这些操作建立相应的用例。系统中共有 10 个用例，分别是用户注册登录、查看菜单、签订菜单、修改菜单、确认付款；管理员登录、食物管理、用户管理、订单管理、消息管理。通过用例结构的梳理，使得产品的功能进一步与用户角色建立关联，等于是从用户角色的视角，进一步对产品的功能做了梳理，有助于对产品功能结构更深入地理解和把握。

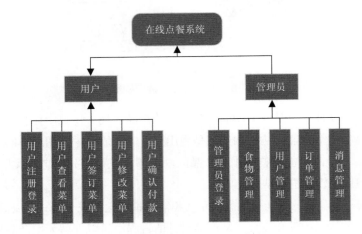

图4-7　在线点餐系统功能角色

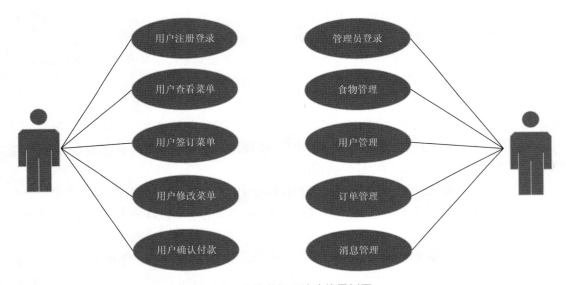

图4-8　在线点餐系统功能用例图

值得注意的是，系统中有些功能在整个需求分析过程中可能会随着认识的深入而不断调整，用例图也需要进行相应地调整。而且，在第一层映射关系下，还可以进一步扩展，比如消息管理，还可以扩展出系统消息管理、客户消息管理等。

3. 业务流程设计

当产品经理分析完产品的功能和角色后，整个产品的角色功能框架基本上搭建完成。但是，这时候很多用户的操作流程可能还只是有粗略概念，并不具体和明确。用户现有流程需要进一步明确和具体化，即对每一个用户角色利用产品所进行的操作，明确梳理出具体的环节和转接关系，确定先后顺序，实际上就是要进行业务流程的分析与设计。

所谓流程，是指用户每一个活动的前后次序，比如用户使用自动取款机，必须要先插入银行卡，才能够输入密码，且流程中必须直接体现出各种条件时的流程去向，比如当密码错误时，出现什么提示；密码输入错误超过多少次时，出现什么提示和动作。

把上述的流程用图形化的方式呈现出来就形成了流程图，流程图一般由以下六大要素构成：

① 参与者：即这个流程的参与主体是谁？可以是系统，可以是打印机，更多的是指什么角色—— 一般是有某种工种的人。比如客服同时有 A 和 B 两人，但是若他们的工作性质完全一样，那么在流程图里只需要写一个客服角色。

② 活动：流程的参与主体做了什么事，比如点餐、结账等活动。

③ 次序：这些事情发生的前后顺序如何，哪个任务是其他任务的前置条件？比如客人不结账，就不会产生送他优惠卡的活动。

④ 输入：每项活动开始取决于什么样的输入条件，比如厨房的师傅开始做菜时，需要拿到具体的点菜单。

⑤ 输出：每项活动结束后，会得到什么样的结果或指令传递给下一方，比如厨师做好菜后，如何让负责传菜的人知道菜已经做好？

⑥ 标准化：采用一套标准化的符号用以传递流程图，从而使受众更快明白。

从某种程度上来说，流程图是一种沟通性质的图形化语言。一般会使用一些标准符号代表某些类型的动作，如判断用菱形框表示，具体的操作行为、活动用方框表示，开始和结束用圆角矩形框表示，如表 4-6 所示。

表4-6 业务流程图

符 号 元 素	名　称	意　义
▭	操作处理（process）	具体的步骤名或操作
▢	任务开始或结束（start&end）	流程图开始或者结束
◇	判断决策（decision）	方案名或条件标准
⬭	文件（document）	输入或者输出的文件
▥	已定义流程	重复使用某一界定处理程序
⬭	数据库	进行数据存储

通过这些符号，可以清楚地描述产品业务流程的顺序及使用逻辑。从产品经理的角度来看，产品业务流程图其实就是一个用户使用产品的过程，即先做什么后做什么，基本的三要素是"从哪进—做什么—从哪走"。业务流程分析，是对业务功能分析的进一步细化，业务流程分析是需求分析细化中的核心内容。通过细化分析产品的业务流程，可以得到业务流程图。比如用户打开一个订餐 APP，会有一个使用产品的过程，如图 4-9 所示。

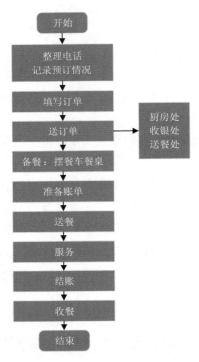

图4-9 订餐业务流程图

当饭店收到用户的订餐电话后，开始填写订单，然后将订单按一式三份分发，分别给厨房、收银、送餐处各一份，然后开始摆餐车餐桌备餐，当用户到店后，准备好账单然后送餐，为用户提供服务，直到用户结账，最后收餐结束。

图 4-9 实际上是以体现任务活动步骤为主的业务流程图，主要体现了为了达成某任务而需要经历的若干活动步骤，但对于某个步骤的活动责任主体并没有明示。所以，在产品实际工作中，产品经理还经常使用另外一种用于业务流程分析的流程图——泳道图。

泳道图在样子上像游泳池里的泳道，可以有横向的泳道，也会有纵向的泳道。泳道图是处理多角色、多系统、多模块的复杂需求的最好方法，它的本质就是希望可以通过角色、系统、模块的划分将复杂的功能梳理切割清晰，因此多模块之间的关联要尽可能单一。泳道图的优点是突出了系统中各种活动的逻辑关系，并且清楚地表现出各个参与主体之间的责任关系，能够比较宏观地把控系统的功能结构。比如在一个点餐软件中，可能会涉及客户、服务员、厨师、勤杂工等角色参与衔接的不同活动，如图 4-10 所示。

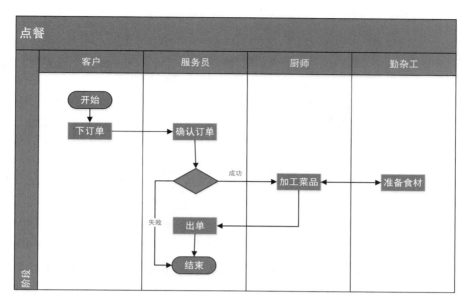

图4-10　订餐泳道图

　　在一个产品中，可能包含多条业务的流程，比如，微信涉及用户首次注册登录的流程、公众号发布文章的流程、朋友圈留言点赞的流程，等等。对于产品中包含的所有业务流程，产品经理都要进行细致的分析和设计，以便于后续能够让产品开发人员全面了解和掌握产品的功能逻辑，这是实现产品功能价值的需要所在。

　　毫无疑问，产品的业务流程结构直接决定了产品功能价值的实现方式，也决定了开发人员如何设计算法、编写代码去实现产品功能逻辑。所以，要对产品涉及的所有模块的业务流程进行彻底明确的梳理界定，才能确保产品开发人员按照产品设计的初衷实现产品的功能。从产品设计的进程来看，当产品经理梳理确定产品的所有业务流程后，产品的概念就进一步被强化，产品的功能逻辑也更加明确和具体了，离产品被设计成型也越来越近，这时产品在人们头脑中的基本轮廓已经大致形成。

　　4. 信息结构设计

　　实际上，产品功能架构的设计是越来越具体化的过程。当产品的功能结构、用例结构、业务流程被设计定稿后，产品的"骨架"和"骨骼"关联等算是已经成型了。接下来就是"打通经脉"，让"血液流淌"起来，让"肌肉连接"起来，即要基于产品骨架结构填充具体的信息，亦即搭建产品的信息结构。产品的信息结构展示的是产品所呈现出来的所有信息元素以及这些元素之间的层次关系。将产品信息结构化的过程展现出来形成的图示，就称为产品信息结构图。例如，微信的"朋友圈"，这个页面包含的信息有：头部图片、主人头像和昵称、朋友头像和昵称、朋友圈正文（文字或照片）、朋友圈发布时间、交互按钮等。它的部分信息结构图如图 4-11 所示。

　　从图 4-11 中的描述，就可以确定微信"朋友圈"这个页面中包含的所有信息元素，有图片类型、文字类型、按钮类型等信息元素。而且这些信息元素的层次关系也体现得比较明确，后续再配以布局、视觉、颜色等设计，朋友圈的页面就可以基本成型。

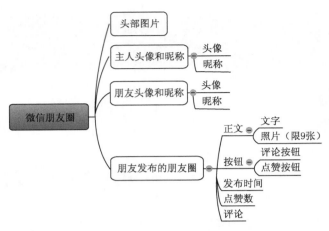

图4-11　微信"朋友圈"页面部分信息结构

产品的信息结构图在形式上与上文提到的功能结构图十分相似，但功能结构图，罗列的是功能列表被逻辑化后的结构，是为了梳理需求，防止出现缺功能、缺模块的现象，以鸟瞰全局的方式对整个产品的功能结构形成一个直观的认识；而信息结构图，是从信息构成的角度，罗列产品信息的构成及组成关系的。产品的信息结构梳理实际上是在产品的功能逻辑、业务流程分析梳理确定的基础上，在更具体化的层面对产品的信息结构进行设计。产品的功能结构和信息结构有着千丝万缕的联系，实际上产品的功能结构、业务流程等决定着产品的具体信息结构。比如，如果微信的功能结构中不包含"朋友圈"功能（具有分享、点赞、评论子功能），就不会有后续对朋友圈的信息结构进行设计。

4.3.3　产品交互体验设计

当我们对产品的骨架、血肉梳理和搭建完成之后，一个产品的形体就被塑造出来了。接下来的工作是让这个形体在与用户接触的时候，能够更和谐、融洽、舒服和愉悦。这就要进行产品的交互体验设计。

关于产品的用户体验设计，在第四章用户体验要素的相关介绍中，我们已经知道，产品的用户体验取决于从产品战略定位到具体元素表现的方方面面。也就是说，前面对产品概念、功能架构、信息架构等的设计已经是产品体验的一部分。

本节内容主要从产品的交互体验方面，更进一步完善产品的用户体验，这主要涉及用户体验要素模型的框架层和表现层。具体来说，主要包括产品的页面布局、导航、交互操作步骤以及视觉效果设计等。

在实际产品设计工作实践中，产品经理常常通过制作产品原型的方式，对产品进行综合设计，在产品的原型中将布局、导航、交互等效果全部加以体现，并根据用户体验的要求以及用户体验反馈不断进行调整和优化，最终定稿形成高仿真的产品原型。

原型就是用线条、图形描绘出来的产品框架。通常用于产品经理与研发人员之间的沟通，在产品未研发出来的时候，也会用原型面向用户测试产品的可用性等。原型通常是互联网产品设计阶段最重要的成果物之一，它汇集了产品的主要功能和交互体验，便于大家在产品未实现之前直观地认识和理解产品。

1. 产品原型设计

产品原型设计最基础的工作就是结合批注、大量的说明以及流程框架图，将自己的产品原型完整而准确地表述给其他产品相关人员，并通过沟通、反复修改并最终确认，然后执行。

产品的原型有很多种形式，一般形式有基本的草图和线框图，还有绝大部分的功能交互都能实现高保真原型。这些原型在产品设计的每个阶段都是必需的，下面分别介绍这几种形式。

（1）草图

草图一般画在笔记本或者一些空白的纸上，每当有灵感的时候，可以就此记下自己的想法。这些草图经过后续思考和测试后会形成基本的产品。

（2）线框图

线框图（Wireframe）是低保真的原型设计图。低保真是相对于高保真而言的，主要是按照原型与真实产品的接近程度区分的。与未来真实产品接近，就是高保真原型，反之就是低保真原型。线框图作为一种低保真原型图，可以帮产品经理平衡保真度与速度。绘图时不用在意细枝末节，但必须表达出设计思想，不能漏掉任何重要的部分。绘制线框图，审美上的视觉效果应当尽可能简化，所以画线框图相对于下文的高保真原型要快很多。图4-12展示了APP某个模块的线框图。

图4-12　某APP线框图

（3）高保真原型

有些产品的开发状态，需要做最高保真的原型，最终期望能达到的就是和产品实际运行时的状态一样。高保真原型的优势是可以显著降低沟通成本，产品的流程、逻辑、布局、视觉效果、操作状态一目了然。同时，高保真原型的缺点是制作花费时间较长。产品设计人员可以根据产品的实际开发状态来决定是否需要做高保真原型。图 4-13 展示了某移动 APP 产品登录 / 注册模块的高保真原型图。

目前，已经发展出了许多工具用于帮助产品设计人员设计与制作产品原型，本书第 5 章将会介绍一些产品原型设计与制作的工具，并提供一些工具学习资源。

2. 产品视觉设计

产品设计的工作进行到这里，产品的骨架、血肉都已经搭建填充完成，接下来需要做的工作，是让产品以什么面目示人呢？即想让产品给人的第一印象是什么呢？这就需要由产品的视觉设计来决定。视觉设计是通过特定设计的图画和图形去传达信息的一种手法，精心布置的排版，着力描绘的让人共鸣的图标，有感染力的色彩和颜色，舒服的间距和布局，都会传达给用户不一样的感受。

实际上，一款产品给人的第一印象是由视觉决定的，当用户第一眼看到某个产品，或兴奋或失落的感觉就已经形成，哪怕用户都还没有上手去使用产品。研究表明，用户只需要 50 ms 即可对一个产品产生第一判断。也许有些令人吃惊，然而，事实是视觉设计不仅是用户对产品的第一印象，甚至它可以被认为是对产品最重要的印象。用户在看到网站产品时，视觉呈现比起其网站内容更加影响网站的可信度。

图4-13　某APP高保真原型图

一般在实际产品设计工作实践中，由于视觉设计是一项专业性要求比较高的工作，在产品团队中会专门设立视觉设计师或 UI 设计师岗位，以便于辅助产品经理进行产品的视觉设计。

设计也是一门具有完备体系的学科，需要系统综合学习训练之后，才能从事相应工作，所以，在这里对于"如何进行视觉设计"的问题,我们就不做展开讨论。总之,在组建产品设计团队时,吸纳一位设计专业人员,是十分必要的。

3. 产品体验设计原则

在互联网产品设计过程中,产品界面、使用情景、用户操作等都会影响用户对产品的体验。因此,产品设计人员在设计产品的过程中应遵循一定的产品设计原则,以便于最大化提升用户对产品的体验。一般来说,产品应该遵循以下 5 个原则。

(1) 必须解决用户问题

产品设计必须以用户的需求为中心,避免掺杂个人的主观喜好。腾讯公司的高级产品经理曾经说过,产品在一定程度上是为了满足人性中的"贪、嗔、痴",这是用户的痛点。把握住用户的这一痛点后,产品经理应该超越其上,用产品帮助人们得以解脱。也就是本书一开始所介绍的,产品设计的核心逻辑起点是帮助用户解决其痛点问题,如果产品不能解决用户的任何问题,自然就无从谈起产品的体验了。试想,一个用户花了时间和精力使用一款产品,但对他一点帮助或用处都没有,怎么会有好的感受和体验呢?

(2) 产品功能逻辑清晰

明确产品的逻辑结构,按照不同的内容与功能逻辑进行划分,突出结构主次。保持主干清晰,枝干适度。产品的主要功能架构是产品的骨骼,它应该尽量保持简单、明了,不可以轻易变更,让用户无所适从。次要功能丰富主干,不可以喧宾夺主,要尽量隐藏起来,而不要放在一级页面。这就是前面我们讲到要对产品的功能结构、用例结构、业务流程、信息结构等进行深入分析梳理的意义,优秀的功能逻辑设计是建立在之前这些扎实的工作之上的。

(3) 产品交互体验简洁、直观和流畅

在一款产品中,完成一次交互任务尽可能控制在三次交互之内,完成某项任务所花费的步骤和时间越短越好。尽量少让用户输入,就算用户需要输入,也尽量多给出参考,比如,我们使用百度搜索信息,在用户输入到一半的时候,下面的候选列表就出现了关联的词语或短语,用户直接停止输入点击列表中与自己搜索目标相匹配的信息即可。还有产品展示信息中的一些用词,要尽量从用户角度描述,而不是从功能角度描述。

(4) 产品界面统一、清晰和美观

同一款产品尽量保持界面统一,减少界面间的交互,避免新页面切断了用户使用的流畅感。利用大众对颜色理解的寓意,使用正确的色彩加强产品的印象。美化布局,打造均衡与对称的构图,使画面整体具有稳定性。

(5) 力求创新

产品在符合已知事物的普遍认知基础上,给人耳目一新的感受,这是所有产品需要追求的创新原则。如果能够做到在互联网上前所未见,能够变成同行业新的标准,那将会使用户倍感欣喜和喜出望外,这时候用户的体验是十分美好的。当然,并不是说要为创新而创新、刻意地制造一些"不同寻常",这里的创新原则是鼓励产品设计人员能够不断改进产品的功能特性、优化产品的操作步骤、交互体验,从而不断地给用户提供新的价值和体验。

4.3.4 产品文档输出

在完成分析功能角色、分析业务流程、梳理产品结构、绘制原型这些工作之后，一个定义清晰、功能逻辑结构明确、信息结构和体验效果具象的产品已经鲜活地浮现在眼前。接下来的工作就是集合前期所有的设计成果，按一定的方式把这些成果进行归集和说明，形成文档输出，以便于其他相关人员理解和把握产品，按规划设计开展进一步的产品开发与实现的工作。

一般为了让产品其他关联人员明确理解产品需求，需要产品经理输出的文档有 BRD（商业需求文档）、MRD（市场需求文档）和 PRD（产品需求文档）。在实际工作中，BRD 和 MRD 通常由更高级别的角色负责决断，比如直接由公司老板或者负责产品的高管具体判断和决策。对于一般产品经理而言，最主要的是负责输出 PRD。所以，这里主要介绍 PRD 的编写方法。

PRD（Product Requirement Document）是指产品需求文档，它以文档的形式定义、说明产品需求，让团队内成员明确产品需求，达成共识，从而面向一致的目标和方向推进后续的工作。

几乎团队的所有成员都会使用到 PRD：研发人员、测试人员、交互设计师、运营人员等。例如，研发人员根据 PRD 获知整个产品的逻辑，进而搭建产品架构进行开发；测试人员可以根据 PRD 建立测试用例；交互设计人员则可以根据 PRD 来设计交互细节。总之，在产品项目正式进入开发阶段之前，PRD 是必须通过评审确定的重要文档。

PRD 文档的形式主要有：Word 和原型两种类型。有的产品设计人员习惯撰写 Word 来写 PRD，有的产品设计人员则直接用原型来制作。目前来说，使用 Word 形式的 PRD 还是主流。下面介绍 Word 形式的 PRD。PRD 文档通常包括以下几个部分：

1. 文档信息

文档信息包括文档版本号、文档编号、产品名、归属部门 / 项目、编写人和编写日期等信息，如表 4-7 所示。一般来说，版本的命名格式是：×× 产品 ×××× 需求 PRD_V2。

表4-7　PRD文档信息表

文档版本号		文档编号	
产品名		归属部门/项目	
编写人		编写日期	

2. 版本记录

版本记录信息包括：版本号、修订人、修订日期、修订说明，如表 4-8 所示。文档"版本号"显示的当前修改的内容属于文档的第几个版本，"修订说明"这一部分需说明具体修改了哪些内容，以及修改的原因，以便人阅读理解。

表4-8　PRD版本记录表

版本号	修订人	修订日期	修订说明
V 1.0			

3. 目录

目录主要是展示文档的范围和结构。

4. 简介

这一部分是对整个 PRD 的概述，介绍文档的目的、文档的使用对象、名词说明和参考资料。有的文档中会出现一些新的名词，在这里应该解释一下这些名词，方便适用对象的阅读。

5. 产品概述

这部分是对产品进行一个总体的概要说明，具体包括：产品概述、用户说明、运行环境等。

① 产品目标：介绍产品的研发背景和目标。

② 用户说明：介绍产品的最终使用者，以及使用者的角色和操作行为。

③ 产品功能：包括总体的业务流程图、产品的功能结构图以及对应的优先级。

④ 运行环境：说明产品上线后的使用环境，例如，操作系统要求、使用的浏览器类型及其版本要求等。

⑤ 项目周期：这部分介绍产品需求、设计、开发、测试、上线等的相关周期。

⑥ 产品风险：描述产品可能存在的风险内容、可能的原因、造成的危害，以及相应的应对策略。

6. 功能性需求

产品的功能性需求是 PRD 的核心内容。功能性需求是指有具体的完成内容的需求，例如，客户登录、邮箱网站的收发邮件、论坛网站的发帖留言等。相对应的还有非功能性需求，这是指软件产品为满足用户业务需求而必须具有且除功能性需求以外的特性，例如，产品性能方面的需求（比如能承担 20 万人同时使用），或者运营等其他部门的需求。

撰写产品的系统功能性需求时可从以下几个方面考虑：

（1）需求信息

需求信息包括需求名称以及需求的优先级，优先级可以直接按序号来表示。

（2）需求说明

需求说明是对某一项需求功能进行描述，描述清楚功能的使用者、使用场景、使用动作与步骤、使用结果。

（3）功能用例图

这里要用用例图来说明此功能的具体情况。

（4）功能流程

这里即是用流程图展示此功能的运行情况，前文也详细介绍了流程图的绘制方法。

（5）产品界面流程

这部分要呈现上述用例图和流程图所描述的功能的产品原型界面。除了静态的原型界面，在原型界面上还要附上各个部件的文字说明，以及页面的动作和跳转逻辑。

（6）相关数据字段

数据字段是数据库中的概念。我们把数据表中的每一行叫作一个"记录"，而表中每一列的数据都是属于同一类的，这个数据类型就是数据字段。比如，设计一款产品的注册登录功能，需要收集用户的账号、密码、手机号这些信息，那么用户的"账号""密码""手机号"就是要确定的数据字段。这其实与前面梳理产品的信息结构是对应的，产品的信息结构中规定了什么信息，产品开发时就要设计相应的字段进行记录。

7. 非功能性需求

一般情况下非功能性需求包括以下两类：

（1）产品性能方面的需求

这包括产品性能需求、测试环境需求、产品数据统计需求、安全性需求、产品兼容性需求等。

产品性能需求是指用户承载量、产品响应速度等类似的需求。例如，淘宝和购买火车票的12306产品的用户承载量需求就比较高，它们分别在每年"双十一"和春运这样的高峰期需要经受住上亿用户的使用需求。所以，作为这些产品的产品经理，需要重点关注这些需求。测试环境的需求包括产品测试环境与正式上线环境的需求。产品数据统计需求主要包括相关事件埋点的统计需求、接入第三方数据统计接口的需求。安全性需求则是包括恶意注册防范需求、恶意刷数据防范需求等。产品兼容性需求很好理解，主要表现为产品在客户端和 Web 端的各种需求，例如主流设备的尺寸。总之，这部分的需求对技术要求比较高，实际操作时可与技术人员讨论之后撰写。

（2）其他业务 / 部门的需求

这包括产品营销需求、运营需求、财务需求、法务需求、使用帮助、问题反馈等。确定这些需求时需要与产品相关部门进行沟通。只有充分地沟通，才能让更多的人协助产品的正常使用与上线。

这里尽量提供了所有非功能性需求的可能性，一般撰写 PRD 不一定包含以上所有的非功能性需求，根据实际情况选择即可。

8. 其他

在实际工作中，有的 PRD 在描述完非功能性需求以后就结束了，有的还需要增添一些其他内容。例如，运营计划，需要在这里介绍产品上线后如何运营，目标受众是什么，建议的推广策略，问题反馈途径，亮点宣传，以及与运营人员的协作方式，等等。

PRD 文档没有统一的模板，这取决于产品团队的习惯，每个团队、每个产品设计人员都可能撰写出不同风格的文档。只要能够表述清楚产品的需求，文档的阅读者能够达成对产品的一致理解，并获取所需的信息即可。也就是说，PRD 的核心意义在于沟通产品需求，以便达成切实一致的理解，所以只要内容清楚，有利于达成这个核心目标即可。比如，在团队配合十分默契的情况下，直接在产品原型中附一些标示和说明性文字，就可以替代 PRD 进行一致性理解的沟通了。

4.4 产品开发实现

当产品的设计过程完成，形成的整个需求文档评审通过后，产品即可交由开发团队进行开发实现，在开发实现阶段，产品经理主要做的工作是对开发项目进度的把控、协调和推进工作。

在开发初步完成后进入产品测试阶段，产品经理主要负责推动产品测试工作并协助参与产品的测试，确保产品能够切实按照当初设计的模式稳定地运行。

4.4.1　产品研发项目管理

在互联网产品的实现阶段，作为产品设计主要负责人的产品经理，这时候的主要任务是计划、协调、推动技术开发人员、UI 设计人员等配合协作，按确定好的产品需求开发实现产品的功能和体验效果。在这个过程中，产品经理主要负责项目管理工作（有时会配备专门的项目经理来辅助产品经理完成项目管理工作）。

项目管理是对项目涉及的全部工作进行有效管理的过程，准确地说，它是指运用知识、技能、工具和方法，使项目能够在有限资源设定的情况下，实现或超过设定的需求和期望的过程。其中涉及对时间、成本、团队、资源、文档、风险、质量等方面的管理。

一个项目管理的流程分为以下阶段：项目启动、项目计划、项目执行和监控、项目收尾。

根据战略规划启动项目之后，在接下来的几个阶段中产品设计的主要责任人——产品经理往往都会参与其中，尤其是初创团队，产品经理可能会直接承担项目经理这样一个角色。因此，掌握项目管理技能对产品经理来说也非常重要。下面将分别介绍项目启动、项目计划、项目执行和监控、项目收尾这几个阶段的主要工作内容。

1. 项目启动

任何一个项目，能够被启动，至少从战略层面是得到团队认同和支持的。产品经理在项目启动前，需要提前了解和熟悉如下问题：

（1）为什么要立项？

了解项目的来龙去脉，明确项目立项的原因。立项是为了更新迭代产品？还是实现盈利目标？这些都是需要明确的。

（2）项目的目标是什么？

明白项目的整体目标，并且要找出最核心的目标。

（3）项目涉及哪些相关人员？

详细来说，要想回答这个问题，需要进一步回答这些问题：谁是可以为项目提供支持的人？谁是受到项目结果影响的人？团队中每个成员和核心 KPI 是什么？项目对团队的 KPI 有什么影响？

（4）要以什么样的方式立项？

一般来说，要开一个项目启动大会来立项。要想开展一个项目启动大会，还要准备相应的项目需求材料。

这几个问题的答案构成了整个项目的大背景，决定了后续项目计划的走向。因此，如果你负责了这个项目，一定要找到相关负责的领导、同事，充分了解这些问题。

2. 项目计划

完成了项目的启动，接下来就要开始进行项目计划。所谓项目计划，其主要工作就是工作任务分解，任务优先级安排，资源、工期、成本估算，以及风险计划和沟通计划等。

① 分解工作任务。可以从项目目标开始，逐层分解，直至分解到不能分解为止。项目分解所得的各个任务必须全面、清晰，每个子任务都能够估算工作量和工期，并且能够分配到个人。

② 确定任务优先级。确定任务的优先级主要是确定任务完成的重要程度、前后顺序以及依赖关系。分解后的子任务当中，有的任务是决定性的任务，有的任务是依赖性的任务，只有决定性任务完成之后，这些依赖性任务才能实施。在项目时间有限的情况下，梳理出所有决定性任务是非常必要的，这些决定性任务是决定项目完成最短时间的关键任务路径。

③ 估算资源、工期、成本。根据以上的分析结果以及项目限制条件来估算项目所需的资源、工期以及成本。

④ 制订风险计划。任何项目都存在一定的风险，而且风险的来源以及危险程度各不相同。作为项目的负责人，能做的就是在项目实施之前识别出可能出现的风险以及相应的规避方案。

3. 项目执行和监控

这个阶段主要是针对项目执行的情况进行沟通，对整个项目的执行进度进行监控，使其在时间、质量、成本之间取得一定的平衡。主要来说，这个阶段会包含以下内容：

① 过程跟踪，主要是跟踪团队成员在项目运行过程中的执行情况、任务的进度以及资源、财物等开支情况。

② 举办例行项目会议，主要是为团队成员提供一个定期、固定的沟通渠道，及时反馈项目执行过程中出现的各种问题。

③ 审核阶段性成果，一个长期的项目计划通常被拆解为好几个阶段来实施，所以每完成一个阶段都要通过审核阶段性成果来判断项目的运行情况。

④ 提交里程碑报告。里程碑代表项目生命周期中的重大事件，是衡量项目总体进展的一种高层次方法，能用于向项目利害关系者和高层次的项目组报告进展情况。

⑤ 变更管理。项目运行过程中可能会出现变化，为保证项目目标的实现，管理人员需要对项目计划进行一些调整。

4. 项目收尾

这一阶段主要是对项目的各项指标进行评估验收，对项目进行经验教训总结。这个阶段的工作涉及项目团队所有成员的自我检查和项目检查，工作具体包括：

① 功能 bug 测试。

② 开发人员的排查。

③ 交互和设计排查。

④ 产品运营人员的排查。

⑤ 项目收尾总结。

项目管理工作是一项比较复杂的工作，在具体项目推进过程中，项目经理会遇到各种各样的棘手问题需要协调和处理。尤其是在一些相对复杂的项目中，很多工作齐头并进，好多角色参与其中，又有很多工作相互关联、互相依赖，协调管理起来相当复杂。

4.4.2　产品测试

在产品经理的协调推动下，产品经开发人员初步开发完成后，还不能立即上线运行和对外发布。而是要先经过内部的测试，达到上线标准后，才能对外发布。互联网产品测试主要是对产品的样式、功能和性能进行测试验证，看是否与最初设计初衷一致，是否能够稳定、流畅地持续运行。具体来说，主要包括以下工作：

① 样式测试。检查页面样式是否兼容浏览器，即页面布局中的各种元素和效果（如 JS 特效）是否能在不同版本浏览器中都正确显示。

② 功能测试。主要检查业务流程是否能走通，是否存在错误。

③ 性能测试。主要测试服务器主机的稳定性、安全性，是否能达到为预期规模用户稳定提供服务的要求。

互联网产品的内部测试工作过程一般如下：

① 熟悉需求和产品原型。由于产品测试的本质是验证开发实现后的产品效果是否与当初设计一致，所以参与测试的人员对产品的原始需求必须了然于胸。

② 编写测试用例。测试用例（test case）是为某个特殊目标而编制的一组测试输入、执行条件以及预期结果，以便测试某个程序路径或核实是否满足某个特定需求。编写测试用例能够让产品测试工作按照规范有条不紊地进行，避免盲目测试而导致漏测或测试跑偏。

③ 整理提交 bug。当测试中发现问题后，要准确完整地描述错误，包括错误的表现、错误出现的条件等，然后及时与开发人员沟通，将测试出现的 bug 整理提交给开发人员进行检查、修复。

④ 验收和回测。当开发人员修复完 bug 之后，测试人员要再次对修复后的 bug 进行验证性测试，看问题是否真正得以解决。如果问题依然存在，则继续提交 bug 要求开发人员修复。

当然，上述主要讲的是产品开发团队内部对产品的测试，除此之外，还有一种产品测试的方式，是直接邀请一些目标用户对测试版产品进行试用体验，然后，将他们遇到的问题进行收集、修复改进，这是一种面向用户的产品测试方式。在产品开发实际工作中，常常将两种方式结合来进行产品的测试工作。

产品测试是一个专业的学科，在实际工作中，常常设有专门的测试岗位和测试团队来承担此项工作。所以，产品经理在测试阶段并不需要亲力亲为去做每一个细节的测试，只需要筹划、把控测试工作的大方向，制订测试方案，协调推进即可。

4.5　产品上线准备

当整个产品的测试工作完成并验证产品没有任何缺陷和错误、可以稳定运行后，即可正式上线对外发布了，然后在产品运行过程中，通过不断收集用户使用的问题反馈，适时跟进分析相关问题并对产品进行优化迭代。在产品确定要上线发布前，产品经理需要做一些发布的准备工作，包括产品说明书、用户使用手册、产品推广方案等资料的编写，以便于产品上线后，用户能够方便地使用产品，并通过推广运营使用户规模不断扩大。

4.5.1　产品说明书

产品说明书是关于产品目标、产品功能特性、产品特色等的说明文件，用于对产品的解释说明，说明产品是为谁设计开发的、主要具备什么功能。

产品说明书主要应包括以下内容：

① 产品概况：产品是什么，适用对象。

② 产品功能列表：产品的功能清单。

③ 产品特色：产品区别于其他产品的特色。

④ 产品运行环境：产品的网址、运行环境要求等。

⑤ 产品联系方式：相关联系方式等。

4.5.2　用户使用手册

用户使用手册是关于用户如何使用产品的说明文件，主要是从用户的角度描述产品能帮用户解决什么问题，该如何使用产品去解决用户的问题。产品说明书从产品自身角度出发，说明产品是什么，而用户使用手册是从用户角度出发，说明产品能帮助用户做什么以及用户该如何使用产品。

用户使用手册主要包括的内容如下：

① 产品介绍：产品的基本定义、解决的核心问题。

② 产品术语解释：产品中一些专业名词的解释说明。

③ 产品使用操作方法：一般按用户问题场景介绍如何操作产品解决该问题。

④ 产品 QA：产品常见问题问答等。

通常在实际工作中，常常把产品说明书和用户使用手册合二为一。但是，合二为一容易出现的问题是不能考虑用户问题场景、按用户视角描述产品的使用，从而不能让用户快速感知到产品对自己的价值。

所以，本书把这二者分开来讲，主要是提示产品经理注意区分这二者在角度上的差异。按照以用户为中心的设计观点，如果把这两个文档也看作产品的话，产品说明书是自上而下的非以用户为中心制作的宣传性文档，而用户使用手册则是要求以用户为中心，对产品进行价值说明的文档。

4.5.3　推广运营方案

产品上线后，如何通过推广让更多的目标用户知道、了解并使用产品，就成了当务之急，否则，没人使用的产品就没有任何价值可言了。一般来说，在一个成熟的企业组织中，会设有专门的推广运营团队负责产品的推广运营。但在初创的团队中，产品推广运营的工作也往往是产品经理的重要职责所在，因为没有谁会比产品经理更了解一款产品的特色及核心卖点所在。即便是在有熟练推广运营团队的情形下，产品经理也要深度参与到推广方案的制订中，为产品推广运营方案筹谋划策，梳理提炼产品的核心卖点、宣传方式、广告语及运营策略等。

产品推广运营方案的核心内容是以产品的核心卖点和特色为基础，制订将这些卖点和特色最大限度地推向目标用户群体的策略和方法，使目标群体得以快速认知和理解产品的价值，并最终参与和使用产品。所以，产品推广运营方案一般包括的内容要点如下：

① 推广目标。即产品推广给谁，推至多大规模等。

② 目标用户分析。分析目标用户的特征及其行为特点、活动场所等。

③ 产品核心卖点和特色。将产品的核心卖点同用户的痛点进行匹配。

④ 推广运营策略。通过什么方式（比如广告）、什么渠道（比如地铁广告）推广运营产品。

⑤ 推广运营实施。具体由谁来执行、按什么进度和步骤来推进方案实施。

⑥ 推广运营评估与调整。适时监控和评估推广的效果，进行分析，以适时改进推广运营策略。

当以上上线前的资料都准备齐全之后，产品经理紧接着需要开展的工作就是对推广人员、运营人员以及客服等人员进行产品的培训，以便于让他们在产品上线后能够应付各种各样的关于产品的问题。

一切上线发布前的准备工作就绪以后，产品即可正式上线发布了。至此，一款鲜活的产品就诞生了，产品经理到这里也就完成了一款产品从 0 到 1 过程中的所有工作。但这并不是结尾，后续在产品的发展过程中，还需要产品经理始终陪伴产品左右，不断引领产品由幼小走向成熟，直至衰落而更新换代。

4.6　产品改进迭代

好的产品是改出来的，没有人能一开始就推出一个完美无缺的产品。即便是像微信这样的由世界级公司推出的产品，也是经历成百上千个版本的迭代改进，发展到今天的样子的。

所以，产品设计完成和上线并不是产品设计的终点，而是产品设计新的起点。互联网产品只有在上线运营的过程中，不断与用户互动，收集和分析用户应用产品的体验数据，在此基础上不断改进和迭代产品，直至产品越来越符合甚至超越用户的需求和期待。

在整个互联网产品的生命周期中，产品改进迭代就一直伴随其中，所以这个阶段是互联网产品设计真正精耕细作的阶段，也是占据产品生命周期最长时间的阶段。在这个阶段主要做四件事，分别是收集用户反馈、采集分析运营数据、改进产品功能、调整运营策略。

4.6.1　用户反馈

用户反馈一般可以通过三种方式获取：第一种方式是定期通过用户调研，如问卷调研、用户访谈等方式，对用户应用产品的体验、态度和意见进行收集；第二种方式是在互联网产品本身设置用户反馈的功能和通道，比如论坛、留言板等，允许用户实时将自己使用产品中的问题、建议甚至是吐槽，及时提交反馈给产品运营方；第三种方式是，通过客服、销售等市场前端的推广人员，间接收集他们所收到的用户对产品的各种反馈。

4.6.2　运营数据分析与改进迭代

互联网产品是运行在互联网环境中的，这意味着用户应用互联网产品的任何行为动作和动作产生的结果，都可以以数据的形式被记录。在产品运营过程中，通过各种数据采集手段可以收集和记录这些数据。

拿到这些数据后，可以运用互联网产品运营分析的方法和手段，对其加以处理和分析，进而从其中发现问题和规律，得到洞察和启示。

基于数据分析所获得的洞察和启示，就可以做出判断，产品的哪些功能还存在问题、需要如何改进；产品的运营策略存在什么问题以及可以如何改进。就是在这样循环往复的改进迭代中，让产品的功能越来越完善，让产品的运营策略越来越有效。

在本书的第6章会专门介绍互联网产品运营数据分析的基本知识和方法，这里暂不赘述。

📝 思考与练习

1. 简述互联网产品产生的基本过程。
2. 说明KANO模型的内容及含义。
3. 简述产品定位阶段主要的工作内容是什么。
4. 简述产品功能结构和产品信息结构的联系。
5. 简述产品开发项目管理的基本过程。
6. 说明什么是PRD，PRD主要包括什么内容。

🖥 拓展资源

资源名称	产品设计模板及案例文档包	资源格式	文档
资源简介	用户调研模板及案例、产品需求池管理模板、竞品分析模板及案例、产品需求说明文档（PRD）模板		
资源获取	在前言的公众号里回复关键字：产品设计模板		
资源名称	互联网产品设计拓展视频集	资源格式	视频
资源简介	包括用户调研、需求分析、竞品分析、Web产品设计、移动产品设计等互联网产品设计过程和方法的讲解视频		
资源获取	在前言的公众号里回复关键字：产品设计视频		
资源名称	产品原型案例	资源格式	交互原型文档
资源简介	包括一个Web管理系统产品的交互原型和一个APP产品的交互原型		
资源获取	在前言的公众号里回复关键字：产品原型		

第 5 章

互联网产品设计工具应用

前面几章系统介绍了互联网产品设计的指导思想和理念、基础概念以及设计的流程方法，至此，我们对互联网产品设计有了比较全面而系统的认识。例如，从用户、市场、资源、技术等方面分析产品，管理产品需求，规划产品功能，制作产品原型，等等。落实到具体操作层面，还可以借助一些工具辅助产品设计工作的推进，使得产品设计工作效率更高、过程更专业，达到事半功倍的效果。

本章将介绍在产品设计的整个流程中，各个环节可以使用哪些工具辅助我们做好产品的规划、设计、开发管理和运营迭代。这里所说的工具既指那些辅助提高效率的软件工具，也包括那些指导操作过程的操作模型工具。

5.1 产品市场与竞品分析工具

通过第 4 章的学习，我们知道在产品的规划阶段，需要对市场环境、竞争对手进行分析，以确定自身所要设计产品的战略定位。接下来，我们介绍几个在进行市场外部环境、自身竞争优劣势、竞品等分析时，可以应用的分析工具。

5.1.1 市场环境分析工具

任何产品都是诞生和发展在一定的环境中，所以在产品设计之初，首先就要基于对宏观市场大环境的分析以确立产品的定位与发展战略。那具体该如何对宏观市场环境进行分析呢？这里给大家介绍外部环境的分析工具——PEST 模型。

PEST 为企业所处宏观环境的分析模型，所谓 PEST，即 P 是政治 (Politics)，E 是经济 (Economy)，S 是社会 (Society)，T 是技术 (Technology)，这些是企业的外部环境，一般不受企业掌握，这些因素也被戏称为"Pest（有害物）"，如图 5-1 所示。

PEST 有时也被称为 STEP、DESTEP、STEEP、PESTE、PESTEL、PESTLE 或 LEPEST（政治 Political、经济 Economic、社会文化 Social-cultural、科技 Technological、法律 Legal、环境 Environmental）。2010 年后，在 PEST 的基础上，该模型被扩展为 STEEPLE 与 STEEPLED，增

加了教育（Education）与人口统计（Demographics）的因素。

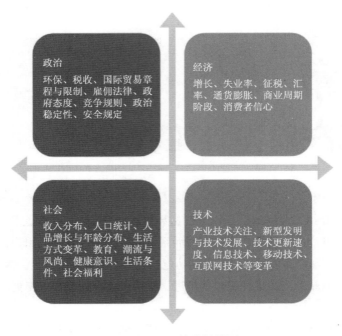

图5-1　PEST环境分析模型

1. 政治因素

政治会对企业监管、消费能力以及其他与企业有关的活动产生十分重大的影响。一个国家或地区的政治制度、体制、方针政策、法律法规等因素常常制约、影响着企业的经营行为，尤其影响企业较长期的投资行为。

政治法律环境因素对一个企业或一个产品的影响具有这样一些特点：

① 不可预测性，产品经营企业很难预测国家政治环境的变化。

② 直接性，国家政治环境直接影响企业或产品的经营状况。

③ 不可逆转性，政治法律环境一旦影响到企业，就会发生十分迅速和明显的变化，而企业是无法逃避和转移这种变化所带来的影响的。

2. 经济因素

经济因素是指国民经济发展的总概况，国际和国内经济形式及经济发展趋势，企业所面临的产业环境和竞争环境等。经济因素主要涉及经济体制、宏观经济政策、经济发展水平和阶段，当前经济发展状况等。尤其是当前经济状况，会对企业或产品的经营情况产生重要影响。

当前经济状况会影响一个企业的财务业绩。经济的增长率取决于商品和服务需求的总体变化。其他经济影响因素包括税收水平、通货膨胀率、贸易差额和汇率、失业率、利率、信贷投放以及政府补助等。

3. 社会因素

社会因素是指一定时期整个社会发展的一般状况，主要包括社会道德风尚、文化传统、人口变动趋势、文化教育、价值观念、社会结构等。各国的社会与文化对于企业和产品的影响不尽相同。

在产品的规划设计和运营迭代的过程中，要充分考虑社会文化环境的可能影响。

4．技术因素

技术因素是指社会技术总水平及变化趋势、技术变迁、技术突破对企业和产品的影响，以及技术对政治、经济社会环境之间的相互作用的表现等（具有变化快、变化大、影响面大等特点）。对于互联网产品来说，更是科技驱动下的产品形态，尤其要重视技术因素对其设计与运营的影响。

 随堂案例

微信支付产品的市场环境分析

下面利用 PEST 模型对微信支付产品进行市场环境的分析，分析结果如表 5-1 所示。

表5-1　利用PEST模型分析微信支付产品的市场环境

政治法律因素	微信移动支付受到政府政策间接支持。政府出台的金融、财税改革政策中指出，扶持中小微企业发展，而移动支付平台更容易受到中小微企业的青睐。 微信移动支付监管机制相对较为宽松。据《中国互联网金融行业市场前瞻与投资战略规划分析报告前瞻》分析，互联网金融公司不需要接受央行的监管。 互联网+。需要将互联网与传统行业相结合，促进各行各业产业发展	经济因素	移动支付市场逐年扩大 标准普尔全球市场情报（S&P Global Market Intelligence）发布的一份报告显示，由移动应用程序发起的支付行为（包括账户间转账和储值账户支付）在2019年增长163%，至2 870亿美元，继续呈现出高速增长的态势。 随着"互联网+"的渗透，电子商务的持续引爆，以及智能手机的普及和行业结构转变，第三方支付交易规模呈指数增长，从而以第三方支付业为主的互联网金融成为当前最有前景的行业之一
社会文化因素	电子商务的消费者以中、青年居多。倾向于接受方便快捷的支付平台，更注重趣味性、安全性，乐于尝试接受新的事物，愿意获得更舒适的消费体验。 人们的生活习惯发生改变。随着智能手机的逐渐普及，人们的生活习惯向着移动化、社交化的趋势发展	技术因素	移动支付有强大的科技支持。Wi-Fi、4G、5G以及二维码等的推出，同时双界面JAVA card、SIM Pass、NFC、REID-SIM和智能SD卡的不断完善，提供了移动支付强大的技术支持。 移动支付的安全保障技术在不断完善。云计算、身份认证技术和数字签名技术等安全防范软件的发展，相关企业也在对互联网的安全保障技术进行不断的探索

注意：以上表格中的分析仅为展示对PEST模型的应用，具体分析内容仅供参考。

5.1.2 竞争分析工具

对于企业或产品竞争力分析的工具有很多，这里主要介绍竞争分析的几个常用工具，分别是 SWOT 模型、核心竞争力模型、波特五力模型、$APPEALS 模型。

1. SWOT 模型

SWOT 模型是由旧金山大学的管理学教授于 20 世纪 80 年代初提出来的，是一种能够较客观而准确地分析和研究一个单位现实情况的方法。在商业实践中，经常使用 SWOT 来确定企业自身的竞争优势、竞争劣势、机会和威胁，从而将公司的战略与公司内部资源、外部环境有机地结合起来的一种科学的分析方法。

SWOT 四个字母分别代表：S（Strengths）是优势、W（Weaknesses）是劣势，O（Opportunities）是机会、T（Threats）是威胁。即基于内外部竞争环境和竞争条件下的态势分析，就是将与研究对象密切相关的各种主要内部优势、劣势和外部的机会和威胁等，通过调查列举出来，并依照矩阵形式排列，然后用系统分析的思想，把各种因素相互匹配起来加以分析，从中得出一系列相应的结论，而结论通常带有一定的决策性，如图 5-2 所示。

图5-2　SWOT分析模型

从整体上看，SWOT 可以分为两部分：第一部分为 SW，主要用来分析内部条件；第二部分为 OT，主要用来分析外部条件。利用这种方法可以从中找出对自己有利的、值得发扬的因素，以及对自己不利的、要避开的东西，发现存在的问题，找出解决办法，并明确以后的发展方向。

根据这个分析，可以将问题按轻重缓急分类，明确哪些是急需解决的问题，哪些是可以稍微拖后一点儿的事情，哪些属于战略目标上的障碍，哪些属于战术上的问题，并将这些研究对象列举出来，依照矩阵形式排列，然后用系统分析的思想，把各种因素相互匹配起来加以分析，从中得出一系列相应的结论，而结论通常带有一定的决策性，有利于领导者和管理者做出较正确的决策和规划。

在运用 SWOT 模型过程中，要注意遵循以下几个规则：

① 对自己所处环境的优势与劣势有客观的认识。

② 区分自身的现状与前景。

③ 考虑全面。

④ 与竞争对手进行比较，比如优于或是劣于竞争对手。

⑤ 保持 SWOT 分析法的简洁化，避免复杂化与过度分析。

⑥ SWOT 分析法因人而异。

2. 核心竞争力模型

1990 年，美国著名管理学者加里·哈默尔和普拉哈拉德提出的核心竞争力（Core Competence）模型是一个著名的战略分析模型，其战略流程的出发点是企业的核心竞争力。该模型的观点认为，随着世界的发展变化，竞争加剧，产品生命周期的缩短以及全球经济一体化的加强，企业的成功不再归功于短暂的或偶然的产品开发或灵机一动的市场战略，而是企业核心竞争力的外在表现。按照他们给出的定义，核心竞争力是能使公司为客户带来特殊利益的一种独有技能或技术。

企业核心竞争力是建立在企业核心资源基础上的企业技术、产品、管理、文化等的综合优势在市场上的反映，是企业在经营过程中形成的不易被竞争对手仿效，并能带来超额利润的独特能力。在激烈的竞争中，企业只有具有核心竞争力，才能获得持久的竞争优势，保持长盛不衰。

企业核心竞争力的识别标准有四个，如表5-2所示。

表5-2　企业竞争力识别标准

标　准	说　明
价值性	这种能力首先能很好地实现用户所看重的价值，如能显著地降低成本，提高产品质量，提高服务效率，增加用户的效用，从而给企业带来竞争优势
稀缺性	这种能力必须是稀缺的，只有少数的企业拥有它
不可替代性	竞争对手无法通过其他能力来替代它，它在为用户创造价值的过程中具有不可替代的作用
难以模仿性	核心竞争力还必须是企业所特有的，并且是竞争对手难以模仿的，也就是说它不像材料、机器设备那样能在市场上购买到，而是难以转移或复制。这种难以模仿的能力能为企业带来超过平均水平的利润

在互联网产品规划设计和运营过程中，同样要十分注重构建和维护产品的核心竞争力，才能确保产品持续为用户提供超乎预期的价值，获得市场地位。当然，该模型还提示我们注意另外一种倾向，那就是必须注意不能使企业的核心竞争力发展成为僵化的核心。要知道，对于任何组织和个人来说，学习培养一个竞争核心难，遗忘一个竞争核心同样困难。我们不遗余力地构建了一项核心竞争力，有时候却又可能忽略了新的市场环境和需求，在这种情况下，就会面临着故步自封的危险。

3. 波特五力模型

波特五力模型是迈克尔·波特（Michael Porter）于20世纪80年代初提出。他认为行业中存在着决定竞争规模和程度的五种力量，这五种力量综合起来影响着产业的吸引力以及现有企业的竞争战略决策。五种力量分别为同行业内现有竞争者的竞争能力、潜在竞争者进入的能力、替代品的替代能力、供应商的讨价还价能力、购买者的讨价还价能力，如图5-3所示。

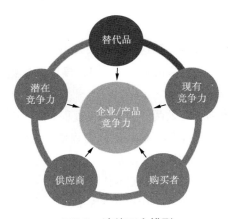

图5-3　波特五力模型

波特的竞争力模型的意义在于，五种竞争力量的抗争中蕴含着三类成功的战略思想，那就是总成本领先战略、差异化战略、集中战略。这为我们在产品设计之初分析和制定产品战略提供了一种重要的思考和分析框架。可以从波特五力模型所提示的五个着力点，对将要设计的产品的竞争力进行评估，并据此确定产品的核心竞争策略。

4. $APPEALS 模型

$APPEALS 方法是 IBM 在 IPD 总结和分析出来的客户需求分析的一种方法，它从八个方面对产品进行客户需求定义和产品定位。在互联网产品设计的竞品分析中，我们也可以使用该工具对竞品进行分析。

（1）$——产品价格（Price）

这个要素反映了客户为一个满意的产品交付希望支付的价格。用这个标准来要求供应商时，要从实际和感觉这两方面来考虑客户能接受的购买价格。将包括以下的数据评估：技术、低成本制造、物料、人力成本、制造费用、经验、自动化程度、简易性、可生产性等。

（2）A——保证（Assurances）

这个要素通常反映了在可靠性、安全和质量方面的保证。用这个标准来要求供应商时，要考虑客户在可预测的环境下关于减少他/她关注确定的性能方面如何评价整个产品？这可以包括保证、鉴定、冗余度和强度。

（3）P——性能（Performance）

这个要素描述了对这个交付期望的功能和特性。用这个标准来要求供应商时，要从实际和感觉这两方面来考虑有关功能和特性的产品性能。产品工作得怎样？产品是否具备所有必需的和理想的特性？它是否提供更高的性能？从客户角度来衡量，如速度、功率、容量等。

（4）P——包装（Packaging）

这个要素描述了期望的设计质量、特性和外观等视觉特征。就软件而言，它描述了交付或提供的功能包。用这个标准来要求供应商时，要考虑客户对外形、设计等意见，还有这些属性对交付的期望的贡献程度。关于包装的考虑应该包括样式、模块性、集成性、结构、颜色、图形、工艺设计等方面。

（5）E——易用性（Easy to Use）

这个要素描述了交付的易用属性。用这个标准来要求供应商时，要考虑客户对产品的舒适、学习、文档、支持、人性化显示、感觉的输入/输出、接口、直观性等方面的考虑意见。

（6）A——可获得性（Availability）

这个要素描述了客户在容易和有效两方面的购买过程(如让客户有他自己的方式)。用这个标准来要求供应商时，要考虑在整个购买过程的优秀程度，包括预售的技术支持和示范、购买渠道/供应商选择、交付时间、客户定制能力等。

（7）L——生命周期成本（Life Cycle of Cost）

这个要素描述了所有者在使用的整个生命周期的成本，用这个要素来要求供应商时，要考虑安装成本、培训、服务、供应、能源效率、价值折旧、处理成本等。

（8）S——社会接受程度（Social Acceptance）

这个要素描述了影响购买决定的其他因素。用这个要素来要求供应商时，要考虑口头言论、第三方评价、顾问的报告、形象、政府或行业的标准、法规、社会认可、法律关系、产品义务等对购买决定起了怎样的促进作用。

具体的 $APPEALS 使用过程如下：

第一步：设定每个 $APPEALS 要素的权重来反映对这个细分市场客户的相对重要性，比如说，用调查问卷的方式将产品的每个要素的权重值设置为百分比的形式，如果客户对产品的内容比较重视，那么你就应该把内容因素所占百分比提升一些。

需要注意的是这八个要素分别包括下一级子要素，针对不同类型的产品，各要素是不同的。那作为互联网产品，价格的要素往往可以忽略不计，但是需要增加人气属性。

第二步：根据自己产品和竞争对手的产品满足 $APPEALS 每个要素的客户需求的程度，对他们进行打分。

第三步：根据调查后的数据画出相应的雷达图，对自己的产品和竞品进行差异化分析。

5.2　思维建构工具

一款互联网产品从 0 到 1 产生的过程，其实就是产品设计人员分析、思考、建构的思维过程。在进行互联网产品设计时，要求产品设计人员基于用户需求信息和市场调研信息，不断地进行分析、归纳，确定产品的核心定义和定位，梳理产品功能和特性，界定产品范围和内容。

在具体实践中，常借助思维导图来梳理归纳想法，提炼关键信息，理顺想法的关系结构。接下来对思维导图在产品设计中的应用进行简单介绍。

5.2.1　思维导图简介

首先思考这样一个问题：假设现在让你梳理总结接下来一周要完成的事情，你打算怎么解决这个问题？在解答时怎么组织自己的思考过程和结果？可尝试思维导图这种方式，如图 5-4 所示。

思维导图又称心智导图、脑图，是一种表达发散性思维的图形思考辅助工具。简单来说，就是一种用来帮助人们思考和组织想法的工具。

它的理论基础是"发散性思考"这一人类自然的思考方式。无论是文字、数字、颜色、声音这样的信息，还是激动、难受、开心或抑郁的感觉，或是意象、故事、香气等记忆和想法，只要这些资料进入人的大脑，都可以成为一个思考的源头和中心，并由此引发下一步的联想，想到更多的信息、记忆、想法或感觉。而这些联想到的内容又会成为下一个思考中心，进而向外发散出更多的关节点，循序往返，呈现出放射性立体结构。这个放射性的结构可以视为人的思维数据库。例如，给出一个关键词"水果"，我们或许会由此联想到苹果，由苹果联想到白雪公主和 iPhone，又由白雪公主联想到公主和童话，由 iPhone 联想到乔布斯和诺基亚……这就是一种发散性的思考过程，而"水果"是一开始的思考中心，随后联想到的"白雪公主"和"iPhone"

又成为下一步发散性思考的中心，如图 5-5 所示。

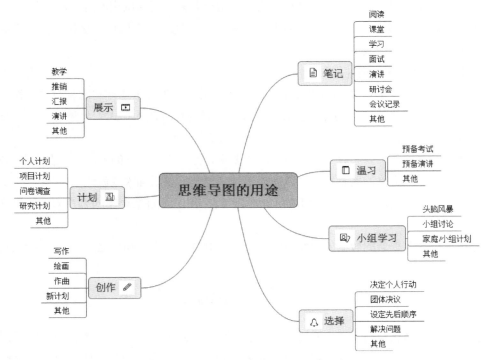

图5-4　思维导图的用途

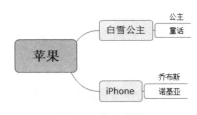

图5-5　苹果联想

　　基于这种人类思考的方式和特点，思维导图运用图文并重的技巧，以一个中央关键词为中心、以辐射线连接所有的代表字词、想法、任务等，把所有想法用相互隶属这样的层级关系表现出来，简单却又极其有效。从本质上来说，思维导图是一张图，一张思维的地图，能够帮助人总揽全局，明确方向，时刻告诉你在哪里，不至于迷路，是战略分析的容器之一。它具有以下几个优点：

　　① 激发联想与创意，记录收集到尽可能多的信息。

　　② 帮助形成系统的组织思考过程和结果。

　　③ 锻炼思维能力，让思考和表达更有逻辑。

　　另一方面，由于思维导图以放射性的网状结构或者树形结构来组织和呈现思维，而实际学习生活中不是所有问题都会呈现这种结构。现实中的问题是非常多样的，可能是更复杂的结构或是多种结构的组合。也就是说，思维导图只是提供了一种组织思考的方式，它并不适用于所有情况。如果凡事都用思维导图，可能就曲解和简化了原本的系统。所以，在产品设计过程中，常常只是在产品概念的酝酿和形成阶段使用思维导图发散我们的思维，以便于不断使产品概念变得丰满和完整。

5.2.2　绘制思维导图的方法

使用思维导图辅助思考时，要经历两个步骤：发散和收敛。在 5.2.1 节提出了这么个问题——"假设现在让你梳理总结接下来一周你要完成的事情，你打算怎么解决这个问题？"，这里就以此作例子来介绍何为"发散"，何为"收敛"。

1. 发散

发散是指根据关键词进行不设限制的联想，这个时候不用纠结联想的内容是否符合逻辑，只需要记录下所联想的内容即可。对于一些创意性工作，这个阶段的发散思考正是创意迸发、产出效率最高的时候。另外，进行头脑风暴的时候，也可以用思维导图记录下讨论时提出的所有想法，无论是否符合逻辑，是否具有可行性，都毫无保留地先记录下来。

回到本节开篇的问题，我们看看怎么操作"发散"这一过程。这一问题的关键词或者说思考中心就是"下一周的计划安排"，确定好思考中心之后，就可以开始发散性思考。下面提供了一种发散性思考的思维导图，如图 5-6 所示。这里使用思维导图的绘制工具来呈现想法，具体使用方法下文将会介绍。

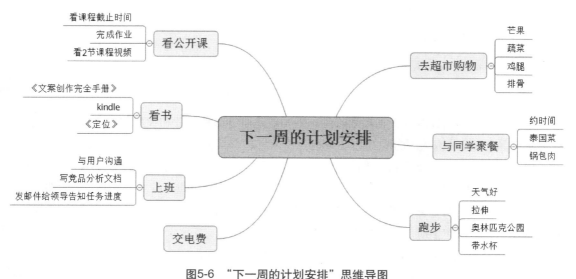

图5-6　"下一周的计划安排"思维导图

2. 收敛

在实际生活工作过程中，这种纯发散性的联想往往是无意义的，很难直接应用于解决问题。别人阅读时也比较难理解，毕竟每个人发散思考的路径是不同的。例如：对于"程序员"这一关键词，有的人会联想到"技术""牛人"，有的人可能就联想到"宅男"。所以还需要借助思维导图对这些联想信息进行进一步的整理和补充，使之更具有逻辑性。这个时候就需要根据一定的逻辑线索或者划分标准来整理发散联想的内容，将同类型的内容合并；将具体细节的内容放置到更概括的内容之内；补充缺失的信息；删除无意义的联想。

在图 5-6 中，"看书"和"看公开课"都属于学习这一类型，可以将其划分到学习这一更上层、更概括的概念当中。按照同样的逻辑，可以将下一周的计划安排分为工作、学习和生活三类，将之前联想的内容划分到这三类当中。另外，在"看书"及其下一层内容当中，可以进一步补充"看书的时间"这一信息。依此类推，可以得到以下经过收敛的思维导图，如图 5-7 所示。对比"发散"思维导图，可以明显看到收敛后思维导图的内容更有逻辑性，也更容易让其他阅读者理解。

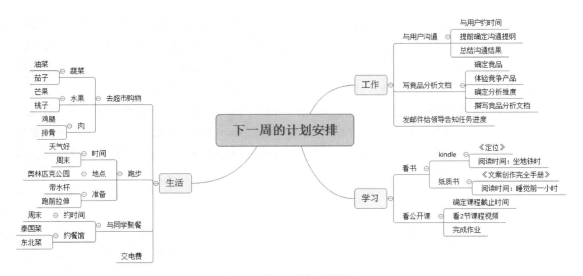

图5-7　收敛后的思维导图

在互联网产品设计的分析和规划阶段，主要就是通过这种发散和收敛的思考过程，反复推敲界定产品的核心定位和功能。所以，发散和收敛也是产品设计人员必备的思维技能。

随着思维导图思想及信息技术的发展，人们设计出了专门的思维导图软件工具，用于制作思维导图，这样的软件工具有很多，如 XMind、MindManger、iMindMap、百度脑图、亿图图示等，在这些工具中，前两个被使用得比较多，这些工具的操作方法都非常类似。读者可以直接找到相关软件工具的操作手册，很容易上手使用这些工具。

在互联网产品设计过程中，有很多都是分析建构的过程，比如一开始产品想法的酝酿与建构，以及产品功能架构设计阶段的产品功能结构梳理、产品信息结构梳理，都是思维不断进行发散和收敛的交替过程。思维导图在上述这些环节中能够发挥很好的作用，辅助产品经理进行思维的整合和分析建构工作。所以，熟练应用思维导图是产品经理必备的基本功之一。

5.3 流程图工具

在互联网产品设计过程中，进行功能和交互体验需求分析与设计时，需要明确界定产品解决某领域问题时的业务流程，确定不同用户角色的用例结构，规定产品交互的流程秩序，这都需要产品设计人员列出清晰的流程结构。所以，掌握最基本的流程图工具的使用方法，是产品设计人员的又一个基本功。

5.3.1 流程图简介

流程图，也称输入/输出图，顾名思义，就是用特定图形符号来描述流程的图。流程则是指主体为了满足特定需求而进行的有逻辑关系的一系列操作。从定义中可以抽取出流程图的五大关键要素：主体、输入、输出、操作和顺序。

① 主体就是进行操作的人物角色，以做红烧肉这道菜的流程为例，如果全是你做的，你就是流程的主体，如果还涉及同学帮你处理材料，那么同学也是主体之一。

② 输入就是每项操作开始前所需的输入物或数据。输出就是整个流程或每项操作所产出的输出物或数据。做红烧肉流程中猪肉、酱油等材料就是输入，最终的输出就是烧出来的红烧肉。

③ 操作即是主体所做的活动，将猪肉洗净是一个操作，将猪肉放入锅内也是一个操作。

④ 顺序就是各个操作之间的前后顺序。如果抓住了这几个关键要素，就可以很快看明白整个系统的流程走向并绘制出清晰明确的流程图，如图5-8所示。

流程图在算法领域中应用比较普遍。通过绘制流程图，可以从纷杂中梳理出明确具体的系统运行情况，准确了解事情是如何进行的。流程图形象直观，让人对各个环节操作一目了然。因此，流程图适用于分析具有一定规律或存在顺序关系的事务或系统。另外，流程图绘制灵活，使用者可以使流程任意转向，但是由于各个环节之间都有关联，使得修改起来比较麻烦。

产品设计人员在向产品实现人员提交的需求文档中，必须清晰地展示产品的业务流程结构以及用户交互流程等，以便于产品开发者准确地实现程序。例如，一个用户登录的模块，就需要用流程图清晰地表示用户登录的过程以及登录中如果输错密码或忘记密码的反馈及处理程序。所以，绘制流程图是产品设计人员的必备技能之一。

5.3.2 绘制流程图的方法

在学习绘制流程图的方法之前，先了解流程图的基本规则。

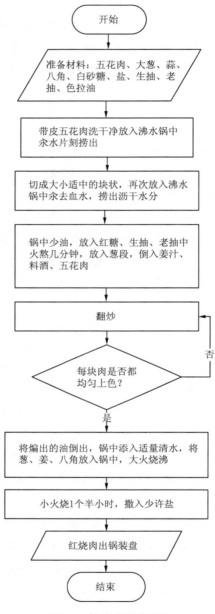

图5-8 红烧肉制作流程

1. 流程图中的基本符号

流程图是以特定图形符号来描述流程的，在第 4 章介绍"业务流程分析"相关内容时，已经介绍过绘制流程图的常用符号（见表 4-6），这里以实例的方式，再补充说明流程图中基本符号的含义和运用，如图 5-9 所示。

符号	名称	含义	范例
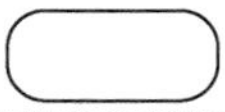 ⬭	起止符号	标准流程的开始与结束，每一个流程图只有一个起点	开始
→	流程符号	流程进行方向	→
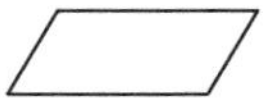 ▱	输入/输出符号	资料的输入或结果的输出	请输入1～50之间的数字
 ▭	处理符号	执行或处理某些工作	点击按钮
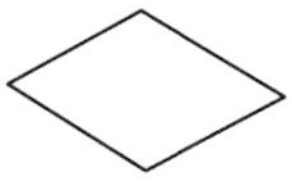 ◇	决策判断符号	对某一个条件做判断	输入的密码是否正确？ 否 是

图5-9　流程图中的基本符号

2. 流程图的基本结构

流程图一共有三种基本结构，分别是顺序结构、条件结构、循环结构。

（1）顺序结构

顺序结构的程序设计是最简单的，只要按照解决问题的顺序写出相应的语句即可，它的执行顺序是自上而下，依次执行。如图 5-10 所示，A 和 B 两个框就是顺序执行的，即在完成 A 框所指定的操作之后，必然接着执行 B 框所指定的操作。

（2）条件结构

条件结构也称选择结构或分支结构，它要先根据指定的条件进行判断，再由判断的结果决定选取执行两条分支路径中的某一条。如图 5-11 所示，首先要判断 P 所指定的操作是否成立，如果成立则执行 A 所指定的操作，如果不成立则执行 B 所指定的操作。其中 A 或 B 当中可以有一个操作是空操作。

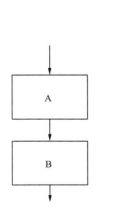

图5-10　顺序结构流程图

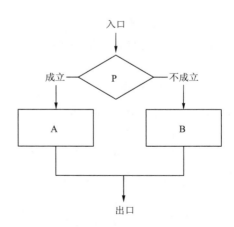

图5-11　条件结构流程图

（3）循环结构

循环结构，又称重复结构，是在一定条件下，反复执行某一部分的操作。循环结构又分为当型循环和直到型循环。

① 当型循环即是先循环条件，条件成立时，反复执行某一部分的操作，当条件不成立时退出。如图 5-12 所示，先判断所给条件 P 是否成立，若 P 成立，则执行 A（步骤）；再判断条件 P 是否成立；若 P 成立，则又执行 A，若此反复，直到某一次条件 P 不成立时为止。

②直到型循环是指先执行某一部分的操作，再判断条件。当条件成立时，退出循环。如图 5-13 所示，先执行 A，再判断所给条件 P 是否成立，若 P 不成立，则再执行 A，如此反复，直到 P 成立，该循环过程结束。

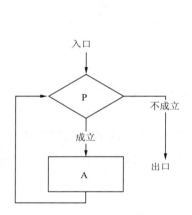

图5-12　当型循环结构流程图

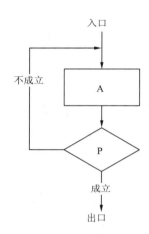

图5-13　直到型循环结构流程图

值得注意的是，无论是哪一种结构，一个流程图中只有一个入口和一个出口，并且结构内每一部分都有机会被执行到，结构内不存在"死循环"（即无终止的循环）。

3. 绘制流程图

简单来说，制作流程图包括两个步骤：梳理事务的流程和绘制流程图。下面详细介绍这两个步骤，并以用户点外卖的例子来说明整个绘制的流程。

（1）梳理事务的流程

梳理事务的流程很关键，它决定了绘制流程图的走向，而这个过程也是确定"主体、输入、输出、操作、顺序"这个流程五大关键要素的过程。在这一步，首先要确定这个流程的主体是谁，以及整个流程的"输入"和"输出"是什么，也就是说整个流程的起始和最终的结果是什么。然后用自然的话语将事务完成的步骤一步一步地描述清楚，特别要关注步骤描述中的"动词"，基本上使用的每一个动词就是要完成的每一个操作，而操作之间的前后关系就是顺序。

就用户点外卖这一流程而言，它的主体是用户，外卖软件的账号和密码是输入，拿到的外卖是输出。在整个点外卖的过程中，大致要经过这样几个步骤：

① 输入账号、密码登录外卖软件。

② 知道自己吃什么、哪一家外卖的话，就搜索相应的关键词，选择这一家。

③ 不知道自己吃什么的话，就浏览页面上各种外卖的信息，浏览过程中确定想吃的菜品。

④ 提交订单，等待外卖，领取外卖。

（2）绘制流程图

参照上述（1）中关于事务步骤的描述，绘制得到的流程图如图 5-14 所示。可以看到，方框①部分是循环结构，当中嵌套的方框②部分是选择结构，最后的方框③部分则是顺序结构。

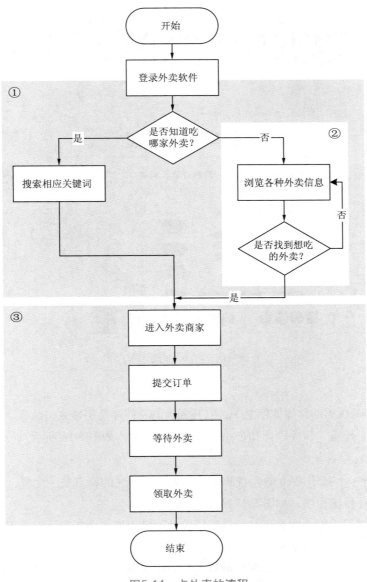

图5-14 点外卖的流程

5.3.3 绘制流程图的工具

有很多软件工具可以用来帮助我们绘制流程图，使用软件工具绘制流程图的方式大同小异，只要按照思路从绘图工具栏中拖拽出需要的符号进行组合即可。常见的绘制流程图工具有以下几种。

1. 纸笔

纸笔是最方便的工具也是最简单实用的工具。在用软件绘制之前，可以先整理好自己的思路，用纸笔绘制出大概的图形来。

2. 亿图图示

亿图图示是一款专业流程图绘制工具。全拖拽式操作，有丰富的符号库和实例，附带丰富的流程图实例和模板库，使用方便简单，如图 5-15 所示。

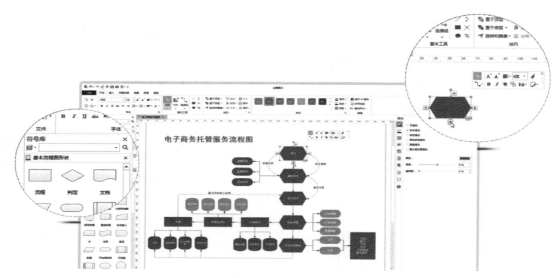

图5-15 亿图图示

3. Visio

Visio 是当今最优秀的绘图软件之一，它将强大的功能和易用性完美结合，可广泛应用于电子、机械、通信、建筑、软件设计和企业管理等众多领域，如图 5-16 所示。

4. ProcessOn

ProcessOn 是一个基于 Web 的免费画流程图的网站。它的特点是：免费、不用安装、可以多人同时登录画一张流程图，如图 5-17 所示。

在产品设计过程中的需求分析与功能架构设计阶段，很多功能逻辑需要用流程图的方式进行梳理和展示，以便于更清晰地表达和沟通产品需求。在第 4 章中我们介绍过，在产品功能架构设计过程中，需要绘制业务流程图，包括以活动任务步骤为特征的流程图以及体现活动主体责任关系的泳道图。

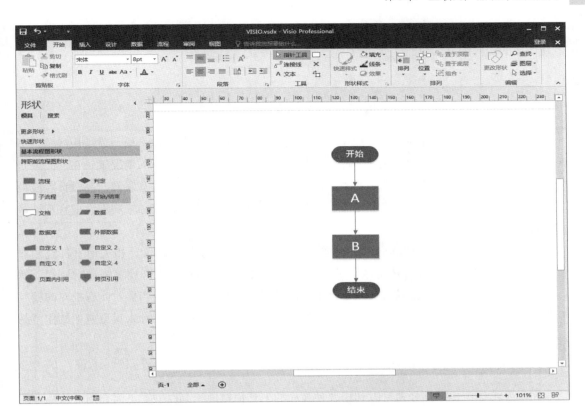

图5-16　Viso界面

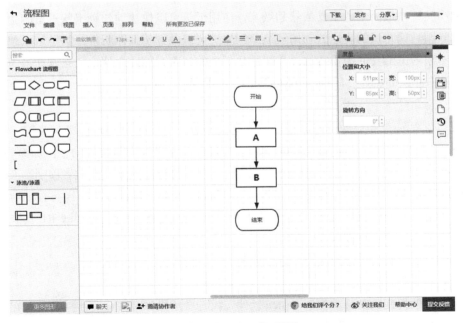

图5-17　ProcessOn界面

产品经理在绘制相关流程图时，可以充分借助上述介绍的流程图工具，以快捷、方便地绘制所需要的流程图。

5.4 原型制作工具

通过前面的学习，你应该对"原型"这一概念不陌生了。简单来说，原型就是用线条、图形描绘出来的产品框架。通常用于产品经理与研发人员之间的沟通，有的情况下，在产品未研发出来的时候，也会用原型面向用户测试产品的可用性等。原型通常是互联网产品设计阶段最重要的成果物之一，它汇集了产品主要功能和交互体验，便于大家在产品未实现之前直观地认识和理解产品。

绘制原型图是产品经理的必备技能之一。原型图设计之前的产品设计相关信息都是相对抽象的，原型设计的过程就是将这些抽象信息具象化，转化为具体的可视化图形的过程。所以说，原型设计在整个产品流程中处于最重要的位置，产品设计人员应当要对此有绝对的控制和驾驭能力。目前已经发展出了各种各样的原型制作工具，辅助产品设计人员更好地制作产品原型。

5.4.1 绘制原型的工具及方法

在实际工作中，产品经理可以利用各种各样的工具便捷地绘制原型。下面介绍一些基本的绘制原型的工具及其使用方法。

1. 纸笔

绘制产品原型最简单的工具依然是纸笔，使用纸笔可以快速地勾勒出脑子里的想法，不会因为工具问题延误想法的表达。利用纸笔绘制原型可以做到所画即所得，脑子怎么想，手就怎么去画，不用考虑工具的操作方法、步骤这些额外的东西。除此之外，产品设计当中常用的原型设计工具有：Axure RP、Balsamiq Mockups、POP 等。

2. Axure RP

Axure RP 是一个专业的快速原型设计工具。Axure，代表美国 Axure 公司；RP 则是 Rapid Prototyping（快速原型）的缩写。Axure RP 也是目前产品设计人员使用的主流原型设计工具，它操作简单、上手快，可以让你轻松快捷地以鼠标的方式创建 Web 网站或者移动端产品的原型图，不用进行编程，就可以在图上定义简单链接和高级交互。除此之外，还可自动生成用于演示的网页文档和 Word 文档，以供演示或者开发人员理解沟通。目前，Axure RP 具有 Windows 和 Mac 两个版本，并已更新到 9.0 版本。

Axure RP 的界面主要分为八个部分，如图 5-18 所示。

（1）主菜单和工具栏

Axure RP 的界面大部分类似于 Office 软件，执行常用操作时（如文件打开、保存文件、格式化控件、自动生成原型和规格说明书等），把鼠标移到按钮上都有相应的提示。

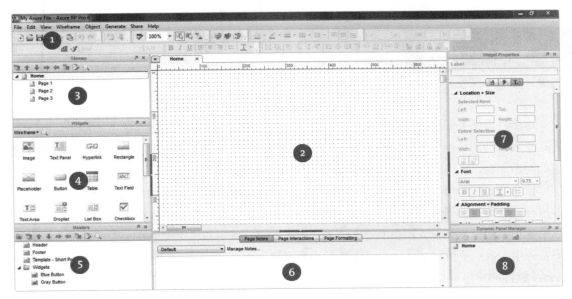

图5-18　Axure RP界面

（2）页面工作区

这是绘制产品原型的主要区域，在该区域中可以将需要的元件都拖到该区域。这里说的元件是指绘图所需的方框、圆形这些元素、零件。

（3）站点地图

所有页面文件都存放在这个位置，可以在这里对所设计的页面进行增加、删除、重命名、查看页面操作，也可以通过鼠标拖动调整页面顺序以及页面之间的关系。

（4）axure 元件库

所有软件自带的元件都在这里，你可以执行创建、删除 axure 元件库的操作，也可以根据需求显示全部元件或某一元件库的元件。另外，如果你觉得软件自带的元件不够用或不符合你的风格，还可以载入自己的元件库。

（5）母版面板

母版是指一种可以复用的特殊页面。如果你创建了一个母版，并在其中绘制了一些如导航栏这样的图形，然后加载到需要显示的页面，这样在制作页面时就不用再重复绘制这些图形了。在母版面板里，你可进行母版的添加、删除、重命名和组织模块分类和分层次。

（6）页面属性

这里可以设置当前页面的样式，添加与该页面有关的注释，以及设置页面加载时触发的事件。

（7）元件属性

这里可以设置选中元件的标签、样式，添加与该元件有关的注释，以及设置页面加载时触发的事件。

① 交互事件：元件属性区域闪电样式的小图标代表交互事件。

② 元件注释：交互事件左面的图标是用来添加元件注释的，在这里能够添加一些元件限定条件的注释，如文本框可以添加注释指出输入字符长度不能超过 20。

③ 元件样式：交互事件右侧的图标是用来设置元件样式的，可以在这里更改原件的字体、尺寸、旋转角度等，当然也可以进行多个元件的对齐、组合等设置。

（8）动态面板

这个是很重要的区域，在这里可以添加、删除动态面板的状态，以及状态的排序，也可以在这里设置动态面板的标签；当绘制原型动态面板被覆盖时，我们可以在这里通过单击选中相应的动态面板，也可以双击状态进入编辑。

使用 Axure RP 时，如果只是画静态的图，只需从左侧的元件库拖拽元件到页面工作区，并进行组合即可。当然，作为产品设计人员只知道这些操作是不够的，还需要进一步学习更深层的使用方法，例如设置原型的交互效果。限于篇幅，本书不再详细展开，本章末尾的拓展学习资源中，我们提供了 Axure 的操作讲解视频。读者也可以通过 Axure 的官方操作文档，学习Axure 软件的应用与操作方法。

3. Balsamiq Mockups

Balsamiq Mockups 是一款轻量的、手绘风格的原型设计工具，通过它可以创建朴素的原型图，非常适合用来绘制低保真原型图。Balsamiq Mockups 的运行环境多样，它能够在不同浏览器上运行；也可以安装在 Windows 7、Mac 等不同操作系统平台下；可以在线使用，亦可以离线使用。Balsamiq Mockups 的界面如图 5-19 所示。

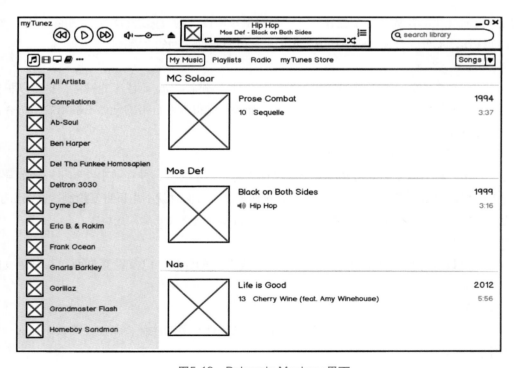

图5-19　Balsamiq Mockups界面

总的来说，Balsamiq Mockups 有三个特点：

（1）使用简单

使用方式同 Axure RP 相似，只要从元件库里拖拽出所需的元件到工作区，再进行组合即可。这可以让你以最快的速度表达自己的想法，把界面原型画出来。

（2）手绘风格

用它画出来的界面是非常有趣的手绘风格，有一种朴素的亲切感。

（3）内置了常用的元件和图标

Balsamiq Mockups 有内置的模板可以直接使用，模板包括单选按钮、链接、图像占位符、文本框以及滑块等。它还提供了 iPhone 和 iPad 模板，以及 iOS 相关的按钮、提示框、picker、菜单、开关以及键盘等。你可以设置网格的尺寸，并预览和分享线框图。

4. POP（Prototyping on Paper）

POP（Prototyping on Paper）是由台湾 Woomoo 团队开发的一款移动 APP 原型设计软件。只要用手机拍手绘草稿，在 POP 里设计好链接区域，马上就能变成可互动的原型。这款软件可以快速将想法从纸上转移到屏幕上并进行再加工，让你的点子不再是纸上谈兵，讨论起来更加实际与方便。目前 POP 支持 iPhone、iPad 和 Android 三个版本，如图 5-20 所示。

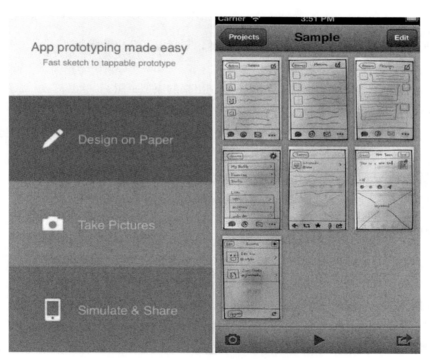

图5-20 POP原型设计

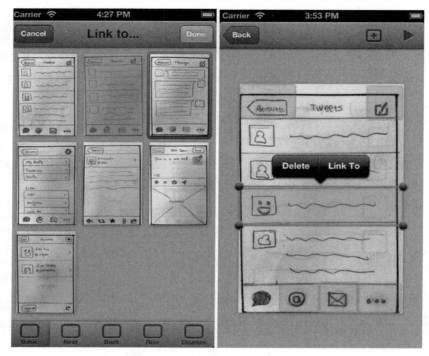

图5-20　POP原型设计（续）

使用 POP 绘制原型的操作方法非常简单轻便，包括以下几个步骤：

① 在纸上绘制出原型。

② 在手机里打开 POP，并拍下你在纸上绘制出来的原型草图。

③ 开始编辑，给图片上某个区域或者按钮添加做跳转页面的链接。

④ 完成编辑，你可以向研发人员、视觉设计师、老板直接展示产品原型图，另外 POP 内嵌的交互动作如侧滑、展开、消失等，即可满足一般的动态演示需要。

原型设计的工具还有很多，如墨刀、Sketch、Omnigraffle、Fluid UI，等等。感兴趣的读者，可以通过互联网等其他资源，了解学习这些工具的具体使用方法。

5.4.2　原型的应用

根据拟真的程度，原型图分为高保真原型图和低保真原型图。产品设计人员具体是要制作低保真图还是高保真图呢？这就取决于原型图制作的使用目的了。

低保真原型图只表达出了产品的大致框架，不关注 UI、交互等具体细节的设计。这样的原型图通常应用于产品设计者与研发人员或者上级领导之间的汇报沟通，一般会附有相关的产品需求文档对原型中的元素、界面、执行逻辑等进行进一步的解释和说明。低保真原型图一般比较粗略。

高保真原型图就是拟真程度很高的原型图，它几乎是按照最终产品效果来制作的，原型中甚至包括产品的细节、UI 效果、实际的交互情况等。这样的原型图就可以直接呈现给它的目标用户，用于研发上线前的用户测试，产品团队可以根据用户反馈情况作修改。高保真原型图基本已是高仿的产品形态了。

　　总之，使用何种工具以及绘制什么程度的原型图，取决于使用目的、工作习惯、团队风格等多重因素。产品设计人员关键是要能够熟悉不同原型制作工具的基本特点，深刻理解原型的目的和意义，恰如其分地制作产品原型图。一般来讲，利用原型设计工具可以很方便地将产品设计者对产品的布局、导航、交互等综合效果表达出来，便于产品在没有正式投入资源和精力开发前就能对产品的效果预先进行评估；另一方面，产品原型也能够整体性地向相关人员展现产品的功能逻辑和使用体验。所以，无论你使用哪种工具设计产品原型，最终的目的只有一个——沟通，即更好更准确地让别人理解你所要设计的产品功能和体验效果。

5.5　项目管理工具

　　在互联网产品的实现阶段，作为产品设计主要负责人的产品经理，这时候的主要任务是计划、协调、推动技术开发人员、UI 设计人员等配合协作，按确定好的产品需求开发实现产品的功能和体验效果。在这个过程中，产品经理主要负担的就是项目管理工作。

　　我们知道，项目管理是对项目涉及的全部工作进行有效管理的过程，准确地说，它是指运用知识、技能、工具和方法，使项目能够在有限资源这一设定情况下，实现或超过设定的需求和期望的过程。当中涉及对时间、成本、团队、资源、文档、风险、质量等方面的管理。为了更快捷方便地进行项目管理，在互联网信息技术的支撑下，现在已经发展出了许多工具可以辅助我们进行产品设计开发项目的管理。

5.5.1　使用甘特图进行项目管理

　　在所有的项目管理工具中，甘特图可能是最容易理解、最容易使用并最全面的一种。甘特图基本上是一条线条图，横轴表示时间，纵轴表示活动（项目），线条表示在整个期间上计划和实际的活动完成情况，它以图示的方式形象地表示出项目的实施顺序、开始时间和持续时间等。使用者可以直观地看到项目的进展情况，了解活动在什么时候进行，还剩下那些工作要做，以及实际进展与计划要求的对比情况，如图 5-21 所示。

任务名称	工期	开始时间	完成时间
确定项目	5 个工作日	2017年9月1日	2017年9月7日
查找资料	3 个工作日	2017年9月6日	2017年9月8日
实施调查	9 个工作日	2017年9月9日	2017年9月20日
整理数据	6 个工作日	2017年9月16日	2017年9月22日
分析数据	5 个工作日	2017年9月19日	2017年9月25日
撰写方案	10 个工作日	2017年9月22日	2017年10月5日

图5-21　项目任务计划表

甘特图可以清晰地呈现项目的任务、时间、顺序等要素之间的关系，便于项目负责人从全局把控项目的进展全貌。所以，甘特图对于制订项目计划、监控项目过程非常方便，但在项目管理中的沟通、协同方面就显得有些薄弱，需要与其他沟通协同工具配合，才能高效地进行项目管理。

对于简单项目，使用甘特图进行管理会非常方便（见图5-22）。绘制甘特图也非常简单，主要包括以下3个步骤。

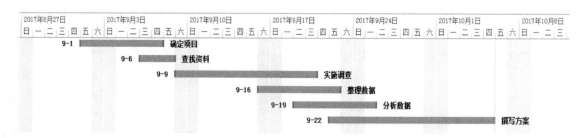

图5-22　项目任务计划甘特图

1. 确定完成项目的所有活动

这一步就是将项目分为各个活动，并确定活动的开始时间和持续时间（工期）。

2. 确定项目中活动的依赖关系以及完成顺序

在这一步骤，需要确定活动之间的完成顺序，哪个活动先完成，哪个活动后完成，哪个任务完成了之后其他任务才能完成，哪些活动可以同时完成，等等。

3. 绘制甘特图

最简单的绘制甘特图的工具是纸笔，不过纸笔绘制的甘特图修改起来不方便，在实际工作中使用不是很便捷。目前已经有一些专门工具可以用来绘制甘特图，既方便又便于随时调整，特别适合项目管理的实际情况。

有些甘特图绘制工具比较专业但是很难上手，这里主要介绍 Gantter 这款甘特图绘制软件，用其绘制甘特图比较轻便简单。它支持的项目管理功能有：新增任务、前置任务、插入任务、成本、工作量、资源、日历、上下移动、升降级、备注等，还具备专业甘特图需要的自动排程、统计分析功能，而且可以支持微软的 MS Project，以及多人协同合作。另外，Microsoft Office Project 和 Microsoft Office Excel 都可以用来绘制甘特图。

5.5.2　Teambition 的使用

Teambition 是一款近年发展起来的新型团队项目协同工具，具有扁平、自主、直观的特点，如图 5-23 所示。

利用 Teambition 可以进行项目任务的计划、监控和执行以及沟通协调等多项工作，具有以下功能：

1. 任务设置

Teambition 提供了一个像便利贴墙的任务板，使用者可以在上面发布、阅读所有的任务。

针对每一个任务，可以分解子任务、搭载附件、设定截止日期，而且也可以随时开展讨论，如图 5-24 所示。

图5-23 Teambition界面

图5-24 Teambition任务设置面板

2．分享想法

在 Teambition 上可以随时与团队沟通想法和总结经验，另外与来回发送内部邮件相比，在分享墙里发布话题更便于团队讨论和追溯，如图 5-25 所示。

图5-25　Teambition沟通分享

3. 文件共享

文件库是一个可以协作的网盘，所有文件都可以随时访问，并发表你的看法。它支持图片、doc、PDF、xlsx、MP4等多种常用文件的在线预览。同时，你可以随时上传更新版本，所有历史版本都会保存，如图5-26所示。

图5-26　Teambition文件分享

4. 日程管理

在 Teambition 上，发起会议也非常简单。日程表可以帮助安排好一整天，与远程的同伴加入视频会议，你还可以订阅日程到手机日历。同时，它的日历视图让日程管理变得更加简单，如图 5-27 所示。

5. 任务提醒与记录

项目中你参与的事情一旦有新的进展，如有新的成员回复或是任务状态有变化，你都会很快收到通知。另外，软件上还汇总了你需要完成的任务、参与的任务以及需要参加的日程，如图 5-28 所示。

Teambition 分为免费版、专业版和企业版。专业版适用于小型团队，企业版适用于各规模的团体或企业。同时，Teambition 支持 PC 和移动端设备，可以随时随地使用，无论身在何处，都可以随时与同伴协作。

图5-27　Teambition日程管理

图5-28　Teambition任务提醒与记录

5.5.3　禅道的使用

　　禅道是一款老牌的国产开源项目管理软件，分为开源版本和专业版本。它的主要管理思想基于国际流行的敏捷项目管理方法——Scrum。Scrum方法注重实效，操作性强，非常适合软件研发项目的快速迭代开发，常被用于互联网产品开发项目管理中，所以这里重点介绍。禅道界面如图5-29所示。

　　禅道具有以下10项用于互联网产品项目管理的主要功能：

　　① 产品管理：包括产品、需求、计划、发布、路线图等功能。

　　② 项目管理：包括项目、任务、团队、build、燃尽图等功能。

　　③ 质量管理：包括bug、测试用例、测试任务、测试结果等功能。

④ 文档管理：包括产品文档库、项目文档库、自定义文档库等功能。

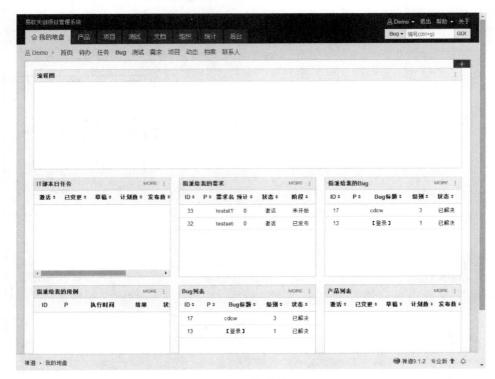

图5-29　禅道界面

⑤ 事务管理：包括 todo 管理、我的任务、我的 Bug、我的需求、我的项目等个人事务管理功能。

⑥ 组织管理：包括部门、用户、分组、权限等功能。

⑦ 统计功能：丰富的统计表。

⑧ 搜索功能：强大的搜索，帮助您找到相应的数据。

⑨ 灵活的扩展机制，几乎可以对禅道的任何地方进行扩展。

⑩ 强大的 api 机制，方便与其他系统集成。

"禅道"明确地将产品、项目、测试三者概念区分开，产品人员、开发团队、测试人员，三者分立，互相配合，又互相制约，通过需求、任务、bug 来进行互动，最终通过项目拿到合格的产品。产品经理的职责是负责召开各种会议，确定项目、确定项目中的需求、协调项目，为研发团队服务。产品经理可以使用禅道来实现维护产品、创建和评审需求、建立产品发布计划、管理文档、主持会议等相关工作。

总体来讲，"禅道"集产品管理、项目管理、质量管理、文档管理、组织管理和事务管理于一体，是一款专业的研发项目管理软件，完整覆盖了研发项目管理的核心流程。也就是说，它是专门针对软件研发项目管理的专业工具，其功能架构、业务流程基本是按照软件产品研发的场景设计的。所以，如果是在一个专业度较高的产品研发团队里，采用"禅道"进行互联网产品研发项目管理是非常有效的。

"禅道"管理软件中，核心的三种角色：产品经理、研发团队和测试团队，这三者之间通过需求进行协作，实现了研发管理中的三权分立。其中产品经理整理需求，研发团队实现任务，测试团队则保障质量，其三者的关系如图5-30所示。

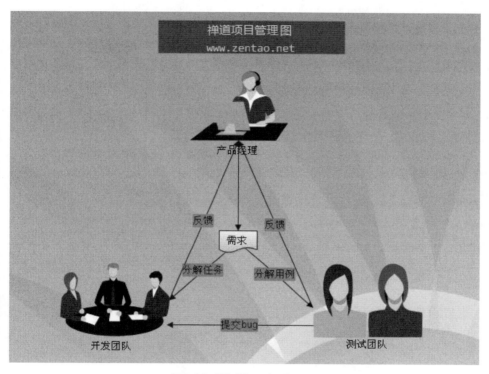

图5-30 "禅道"三权分立图

使用"禅道"进行项目管理的基本流程如下：

① 产品经理创建产品。

② 产品经理创建需求。

③ 项目经理创建项目。

④ 项目经理确定项目要做的需求。

⑤ 项目经理分解任务，指派到人。

⑥ 测试人员测试，提交 bug。

关于禅道的具体应用与操作方法，可以访问禅道的官方社区，找到禅道的用户使用手册，对照手册了解和学习禅道的操作使用方法。

基于不同的管理思想，项目管理工具有很多类型，例如，Gantter、Microsoft Offifice Project 是基于甘特图，而禅道是基于 Scrum 这一敏捷项目管理方法。除了这些，还有很多优秀的项目管理工具，如 Worktile、Tower、Trello 等。项目管理本身应该很有弹性，即使不使用专业的项目管理软件，也可以用一个笔记本、一个会议室白板来做管理。工具永远只是辅助性的，只有在好的团队中，工具才能发挥它的真正作用——团队的管理思想和人更关键。所以，要想更好地应用好项目管理工具，要掌握更多项目管理方面的理论知识。

思考与练习

1．搜集分析工具的文献资料，并提炼成PPT向同伴讲解。SWOT模型、核心竞争力分析模型、波特五力模型、$APPEALS分析模型

2．利用思维导图规划下一学期的专业学习计划。

3．绘制去银行取款机取钱的流程图。

4．利用Axure RP模拟绘制百度网站的首页。

5．利用Gantter软件将你下一学期的学习计划绘制成一个甘特图。

6．下载安装禅道，熟悉禅道的功能。

拓展资源

资源名称	Axure实操应用视频集	资源格式	视频
资源简介	Axure功能以及利用Axure制作互联网产品原型的操作方法		
资源获取	在前言的公众号里回复关键字：Axure		

第 6 章
互联网产品运营分析与迭代

在介绍互联网产品的特征时我们曾提到，互联网产品是由产品设计者和用户双向驱动迭代的。互联网产品并不像其他实体产品那样一旦被生产出来就定型了，而是随着用户的使用过程而不断迭代更新。因此，互联网产品的设计完善更多的时间是花在后期的运营过程中，从 0 到 1 推出第一个版本的过程，只是互联网产品设计的第一步而已，也只占互联网产品设计整个周期的一小段。

本章将对互联网产品第一个版本上线后的运营迭代过程进行介绍，展示对互联网产品进行运营分析与迭代的基本过程和方法。

6.1　互联网产品运营的基本任务

运营是为了驱动产品价值最大化，产品价值最大化的主要体现就是有更多的新用户认识和关注产品，有更多的用户频繁地使用产品，有更多的用户长期地依赖产品，有更多的用户乐意为产品付出（可以是金钱、时间、情感等）。所以，具体地讲，互联网产品运营的基本任务可以分解为三个方面：第一，运营要驱动产品运转起来；第二，运营要确保产品持续长久稳定地运转；第三，运营要促使产品运转效率处于具有竞争力的地位，即要让产品运转地高效、快捷。通俗概括地讲，就是运营要使产品转起来、持续转和转得快。

6.1.1　转起来

一款互联网产品被设计开发出来上线发布后，只有用户使用，才能真正叫运转起来。否则，没有用户使用的产品，根本就不能解决任何人的问题，也就产生不了价值，产生不了价值甚至都不能被称为产品。然而，一款互联网产品在初步上线后，并不会自动吸引大量用户去使用。因为新出的产品，目标用户还不知道、不了解它，更别提使用了。这时，就需要运营发挥作用。

当一款新的互联网产品上线后，运营要使产品初步运转起来，需要做的工作就是让尽量大范围的目标用户了解产品的功能价值，体验产品的亮点特性，从而尝试去使用产品。具体来说，运营需要完成以下几项工作：

1. 产品信息设计

产品信息设计主要包括两个层面的工作：第一是拟定和撰写产品信息，包括产品是什么，有什么特色，能带给用户什么价值。第二是产品的宣传信息文案设计，即要从第一步汇集的产品信息基本内容中，提取关键信息，按照用户特性和信息展示渠道特点，以用户看得懂、喜欢看的形式设计文案及展现形式。例如，王老吉凉茶的产品信息中关于其功效的介绍是：清凉祛火，清热解毒。但在面向用户宣传时，为了让用户有形象直观的理解，经设计后的产品宣传信息是：怕上火，喝王老吉！

所以，产品信息并不是平铺直叙地讲出来就好，而是要根据用户的特点和需求，结合产品的卖点，在产品信息的内容措辞和呈现形式上进行精心设计，以求做到产品卖点与用户需求和买点的统一。

2. 产品信息推介

产品信息设计妥当之后，就需要将其推至用户面前，即触达用户。这就涉及推介渠道的选择以及推介形式的设计。首先，要明确所推介产品的人群是哪些，然后观察分析这些人群具有什么特点，经常在什么场合出现，那么渠道的选择就要确保能触达所出现的场景。例如，一款针对普通上班族的产品，对其的宣传推介渠道就可以选择公交、地铁广告，因为上班族绝大多数都要乘坐公交、地铁通勤。其次，针对不同渠道的信息展现形式也是不同的，例如，地铁站人来人往，人们的停留时间很短，就适合巨幅的信息、简洁的海报宣传；而地铁车厢，人们停留时间较长，就可以选择以视频广告的形式进行播放宣传。同样的道理，针对农民的产品，就应当选择诸如田间地头这样的渠道进行宣传。

3. 产品价值咨询

当产品信息有效地触达用户引起用户兴趣之后，用户可能就会有各种各样待解答的疑惑，这时运营需要及时为用户答疑解惑，并顺势引导用户深入了解产品能提供的价值，鼓励用户尝试体验产品，并做好产品操作使用流程和方法的指导与支持。

通过以上三方面的工作，吸引目标用户关注、体验和稳定顺畅使用产品，初步达到使产品可以运转起来的目标，即建立起产品价值交付和应用的闭环，这是运营要发挥的第一个层面的价值。尤其要强调的是，在产品刚刚推出时，功能可能都不是很完善，只是一个初步具备核心价值闭环的处于探索性验证阶段的产品，这时产品体验并不是十分的完善和友好，尤其需要运营通过各种干预手段，克服产品初期存在的不足，引导和支持用户能够耐心体验产品的核心价值，跑通产品的价值交付和使用闭环。

6.1.2 持续转

让产品有人使用并使其初步运转起来，只是实现了运营的第一步。如果通过各种运营手段，使一些用户去尝试使用了产品，但是他们使用几次之后就不再使用或者干脆卸载退出产品，这个产品同样还是会运转不下去。所以，运营更为关键的价值是实现产品持续地运转下去，即不但有越来越多的用户开始体验尝试使用，还要有越来越多的用户愿意、乐于高频次、深度地使用产品解决其某方面的问题和需求。

实际上，实现产品"持续转"的前提就是要实现用户价值最大化，即产品能够真正解决用户的需求和问题，而且解决的效率高、用户使用的体验好，那么，用户就会持续使用甚至依赖产品。这样，产品也就会持续运转，存活下去。具体来说，运营在这个阶段的工作主要包括以下几项：

1. 用户支持服务

用户支持服务主要包括对用户使用产品过程中的问题、困难进行实时解决，扫清用户使用产品的一切障碍，如使用流程、技术操作上的问题和疑惑，与产品相关的其他咨询等。例如，在电商类产品中，用户最为敏感的环节就是涉及金钱支付的部分，这时，如果出现一些故障或令用户担心的问题，必须通过相应的运营服务及时地给予用户释疑解惑，消除其疑虑。否则，很容易影响用户的情绪，进而对产品的使用价值产生负面评判。

也就是说，要确保产品能够得到良好运转，产品的价值能够持续为用户有效服务，需要搭建一个产品运转及价值交付的支持服务体系，确保用户能够顺畅、简便地使用产品所提供的服务。

2. 使用环境维护

使用环境维护主要是确保参与产品提供的价值以及营造的环境与目标用户的目标诉求是一致的，清理产品中可能涌现的干扰用户使用体验的无关内容和功能，打造一个纯粹一致、健康纯净和安全稳定的产品使用环境。例如，在一个新闻 APP 中，如果经常出现假新闻，将会使用户失去对产品的信任从而离开产品。所以，运营人员要通过相应的运营体系和机制，保证产品中的信息内容必须是符合产品定位的，不能允许有违反法律、道德的低俗或不健康内容出现；在产品功能上也要确保所有的功能点始终是围绕强化产品的核心价值而存在，例如，一个提供医疗咨询服务的 APP，如果出现销售殡葬物品的功能，那将会迅速失去用户，使产品走向灭亡。

3. 产品迭代优化

运营人员为用户提供支持服务和维护用户使用环境的过程，实际上就是观察、分析用户使用产品行为及与用户深度交互的过程。在这个过程中，运营人员是很容易获得"用户对产品哪些功能比较赞赏""对哪些功能常常吐槽"这样的产品应用反馈数据的，通过对这些数据的精细分析和深度解读，可以得出产品的迭代优化方向和具体设计，从而持续地提升用户的使用体验。这样，用户才能持续不断地使用和依赖产品，确保产品能够持续运转。

通过以上三方面的工作，促使用户持续稳定地使用产品，实现用户价值最大化，这是运营要发挥的第二个层面的价值，也是十分重要的价值。因为只有实现了用户价值最大化，才有可能实现产品价值最大化的目标。

6.1.3 转得快

对于产品生产经营方来说，通过实现用户价值最大化从而实现产品价值最大化才是其终极目标，通俗地说，产品方最终也是要获得利益回报的。获得利益回报的前提是什么？那就是产品要提供独有的优于他人的价值，从而使其处于行业领先地位。要想提供优于竞品的价值，主要从两方面去体现：一是从效率方面入手，提升产品的服务效率，即比同类竞争性产品更快地提供服务；二是从品质方面，提升产品的服务质量，即提供别人没有的价值或者别人有的但我方更优的价值。这样才能确保产品处于领先地位，持续又好又快地发展下去。

　　具体来说，为了使所运营的产品处于领先地位，在这个层面上，运营人员需要做以下几方面的工作：

1. 深度挖掘用户潜在需求

　　所谓潜在需求，就是连用户自己也说不清楚的需求。根据前面第 4 章介绍互联网产品需求模型 KANO 的定义，用户的需求一般分为三个层次，分别是基本型需求、期望型需求和魅力型需求。

　　一般在产品正式上线发布时，基本型需求是必须具备的，也要集中满足用户某个方向的期望型需求。但魅力型需求，用户并不会直接告诉产品运营者，而是需要在运营过程中，结合运营数据分析以及与用户交互沟通过程中产生的对用户潜在需求的敏锐感知与洞察，靠运营人员不断深入挖掘。

2. 提升用户参与感

　　当用户成为产品设计和运营的一员时，就会产生一种主人翁情怀，会把产品当作自己的成果精心呵护，从而敞开心扉、建言献策。当一个产品聚集了某一个人自己的想法和贡献时，必然会使其有成就感，也必然会让他对该产品倍加呵护和爱惜，并积极向周围人推广和宣传。同时，作为用户的一分子，其对同类群体的需求把控和洞察更为贴切、精细，更有利于挖掘出满足用户的魅力型需求。

　　所以，在运营过程中，要善于发掘和培养用户中的积极分子和铁杆粉丝，为他们搭建参与产品设计和运营的机制和舞台，提升他们的参与感。我们熟知的小米手机，在产品上线和运营初期就采用了用户深度参与产品的运营模式，小米的用户每天在论坛上为产品提出成千上万条意见，并深度参与到产品迭代的讨论之中，如图 6-1 所示。就这样，造就了小米手机的成功。

图6-1　小米产品用户讨论论坛

总而言之，产品上线之后的运营过程，究其本质就是让产品的价值被用户接受的前提下，获取盈利。但值得指出的是，在实现这些核心诉求时，要始终牢记一个原则，就是所有这些基本任务实现的前提条件是所运营的产品必须为用户提供针对性的、实实在在的价值。这就涉及要时刻贴身体察用户的感受和诉求，实时进行产品的改进迭代，以最好的态度和体验及时响应用户的一切需要。

所以，上述运营基本任务实现的过程，本质上是要不断以核心目标为导向，不断修改、优化产品，使得产品的价值不断逼近和超越用户需求与期望。运营目标达成的过程，就是产品不断迭代改进的过程。

6.2　互联网产品运营分析的基本模型

互联网产品迭代改进的基础首先是对互联网产品的运营过程和状态进行分析，再基于分析的结果和洞察，提出产品改进迭代的方案，最后进行开发实施和执行验证。互联网产品就是通过如此往复，一轮一轮、一个版本一个版本的迭代改进，最终发展成为一款用户所需要和依赖的成熟产品。

所以，要想对产品进行有效的迭代改进，关键是能够对产品的实时运营过程和结果进行有效的分析。接下来我们就对互联网产品运营分析的基本模型加以介绍，为产品的运营分析提供基本的思维框架和方法。

6.2.1　AARRR 模型

AARRR 是 Acquisition、Activation、Retention、Revenue、Refer 这个五个单词的缩写，分别对应一个产品的用户生命周期中的五个重要环节，即用户获取、用户活跃、用户留存、用户转化获利、用户自传播。运营的价值就是最大可能地通过产品迭代和运营服务体系促进以上各环节的效果最大化，即扩大用户量、提高用户活跃度、提高用户留存率、促进收入提升、扩大用户自传播量，这和上一小节所讲的互联网产品运营的核心诉求基本是一致的。

1.　用户获取（Acquisition）

用户获取，其实就是从各个渠道去发布产品相关信息，然后吸引用户前来下载、注册、使用产品的一个过程。常见的产品宣传渠道有搜索引擎、微信、微博、今日头条等自媒体、门户大型网站广告、线下活动、展会、行业沙龙等。不同的渠道获取用户的数量和质量都是不一样的，这时运营团队要综合考虑各个渠道用户的数量和有效性，重点关注那些流量和转化率比较高的推广渠道。

2.　用户活跃（Activation）

用户下载了产品或者注册了产品，并不意味着他就一定会使用产品，所以，如何把他们转化为活跃用户，是运营者面临的一个问题。

用户被吸引进来之后，需要引导他们做一系列的行为动作，例如，完善个人的基本信息，引导他们进行评论、发帖等。当用户愿意在运营人员的引导下完成这些"系列动作"时，就可以认为其是一个比较活跃的用户，说明产品对于用户是能够带来价值的，用户愿意参与或使用产品。

当然，不同产品对于"活跃"的定义是不一样的，例如，社区类产品的活跃，当然希望用户能够每天都能登录、发帖、评论，所以，对于很多社区类产品来说，经常为了鼓励用户活跃，都会制定一些激励措施，如登录一天给用户几个积分、发一个帖子给几个积分、评论一次给几个积分等。而在线教育类产品，则比较关注用户的学习时长、练习次数等。

3. 用户留存（Retention）

在解决了用户活跃的问题之后，还需要解决的一个问题是如何留住用户，即用户留存的问题。有时候一个互联网产品的用户来得快，走得也快。如果一个产品缺乏留住用户的黏性，导致的结果就是，一方面新用户不断涌入，另一方面又迅速流失。这样的结局也就意味着产品的留存率非常低，一旦推广营销手段取消，用户就不再使用产品。这样的话，产品就没有可能持续运转下去从而实现盈利。所以，如何提高用户的留存，也是一个非常考验产品及运营人员的问题。解决这个问题首先需要通过日留存率、周留存率、月留存率等指标监控应用的用户流失情况，并采取相应的手段在用户流失之前，激励这些用户继续使用应用。

4. 用户转化获利（Revenue）

所谓用户转化获利，通俗地讲，就是怎样利用产品来挣钱，即产品的商业模式。如何通过产品的业务来实现收入的增加，这是任何一个互联网产品都必须要考虑的问题，因为作为产品运营方的企业，本质都是为了追逐利润，不赚钱的公司就失去了存在的意义。基于产品增加收入有很多方法，例如，通过营销手段获取更多的用户使用我们的产品购买东西、通过拓展广告业务、通过提高单个客户的价值来增加收入，等等。

说到底，想要增加收入，首要前提还是需要有用户，用户才是一个互联网产品的根基，如果没有用户，一切商业设想都是空中楼阁而已。

5. 用户自传播（Refer）

互联网产品因为有互联网这个大前提作为基础，更容易传播其口碑。当一款有极致体验、能够很好地解决用户问题的产品被用户所认可时，往往可以引发用户对产品的衷心爱戴，从而自觉地去分享、推荐产品。例如，微信推出了红包功能之后，第一批用户觉得十分新颖和好玩，就会第一时间在朋友圈分享，然后让更多的人知道这个功能并去使用，这样就会造成一种连锁反应，瞬间将产品的知名度和影响力呈指数级扩大。

在互联网产品运营分析实践中，就可以将 AARRR 模型作为运营分析的基本框架，分析产品在该模型所包括的各个环节的表现。

6.2.2 漏斗模型

实际上，在 AARRR 模型的从用户获取到用户自传播这个闭环中，从数量上来说，是呈现一种衰减的趋势的，即活跃的用户会比最初获取的用户量要少，留存的忠实用户会比活跃的用户量少，能够带来收入的用户量会比实际留存的用户量少。这实际上就呈现出一个漏斗的形状，一般把这个规律称为漏斗模型，如图 6-2 所示。

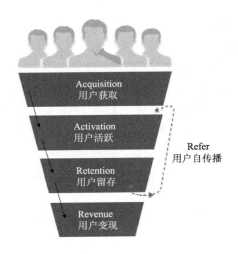

图6-2　漏斗模型

　　所谓漏斗模型，就是指在互联网产品的用户行为流程环节中，从起点到终点有多个环节，每个环节都会产生用户流失，依次递减，每一步都会有一个转化率，这个转化率一般都会小于1，大于等于0。不仅在 AARRR 模型所代表的用户生命周期中存在漏斗模型的规律，在很多具体的用户应用产品的操作行为中，都存在着漏斗模型的规律。例如，在一个电子商务网站产品中，用户从访问网站到最终下单购物，也要经历一系列的路径节点，而在这个路径中各个节点的用户量也是呈现漏斗状的。一般用户的购物路径如图 6-3 所示。

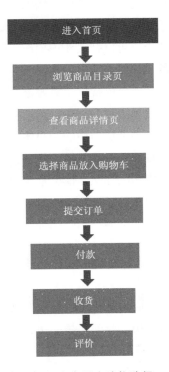

图6-3　电商用户购物路径

在图 6-3 所示的这个用户购物路径中，每一步都有可能产生用户流失，也就是说，如果有 100 个用户进入了首页，可能 70 个用户浏览了商品目录，60 个用户选择了商品放入购物车，50 个用户提交了订单，45 个用户付了款……最后可能只有 10 个用户做了评价。尤其是用户触达的第一个页面（不一定是网站首页）的流失率往往比较高，因为用户访问到这里可能是因为种种原因，可能是看视频时不小心点击了广告进入的，当其发现所看到的页面与预期严重不合，就会很自然地终止访问，这个用户第一步就流失了。这就提醒产品运营人员，在推介产品吸引用户接触产品时，一定要把产品的卖点和用户买点结合起来，吸引有效流量，而不是通过投机取巧诱骗用户接触产品，这不仅不能吸引用户，还有可能让用户一开始就对产品留下不好的印象。

同样，当用户来到商品目录页面，如果用户采用搜索方式，就会进入搜索结果页，如果在这个页面按照各种排序，也找不到用户想要的商品，那用户也会终止访问产品，然后就会流失掉。

一部分用户找到了自己中意的商品后，会到达产品详情页面查看产品的详细信息，如果其他已购买用户对该产品的评价过低、店铺客服不热情不周到，用户就不会下单，这时也会终止访问，从而流失掉。

一部分用户对商品性能、价格各方面比较满意，有购买的意向，就会把商品放入购物车。据淘宝平台的经验数据，从用户首次访问购物网站到把商品放入购物车，平均来算，100 个用户进来，通常只有 4.5 个用户把东西放到购物车，即便是放入了购物车，依然因为种种原因会流失。

依此类推，后面的几步都有可能造成用户流失，例如因为支付环节流程复杂、页面卡顿等糟糕体验，让用户担忧自己的财产安全，也会放弃购买，从而造成用户流失，等等。

所以，在互联网产品运营实践中，可以把漏斗模型作为产品运营分析的指导模型。在产品运营分析实践中，可以按照现存的用户路径逻辑，整理出各个环节的漏斗模型数据，综合梳理有可能造成用户流失的因素，进行针对性的优化。需要提醒的是，整个用户行为是以最终的产品目标为评价标准的，各环节的转化率一环套一环，息息相关，不能简单地只对某个环节的转化率做优化和提升，这样有可能反而会造成负面的用户体验，得不偿失。例如，一些产品只是在推广阶段，通过夸大的诱导进行推广，虽然在第一阶段，可以带来大流量，有大规模的用户进来访问，但当用户进来之后发现宣传的和实际情况悬殊较大，从而愤愤离开，反而会对后面各个阶段的转化率产生负面影响。

6.2.3 A/B test 模型

A/B test 是一种用来测试新产品或新功能的常规方法，是在互联网产品运营分析和迭代改进中常用的模型。

A/B test 有两种应用方式，一种是测试新功能与原有功能哪个更好，一般分为两组用户，一组对照组，一组实验组。对照组采用已有的产品或功能，实验组采用新功能。要做的是找到他们的不同反应，并以此确定哪个版本更好。

另一种是测试多个版本找出其中用户体验和反应最优的一个版本。一般做法是：为产品的界面或流程制作两个（A/B）或多个（A/B/n）版本，在同一时间维度，分别让组成成分相同（相似）的访客群组（目标人群）随机访问这些版本，收集各群组的用户体验数据和业务数据，最后分析、评估出最好版本，正式采用。

进行 A/B test 实验能够有利于优化用户体验，提升某个漏斗流程的整体或者其中单个节点的转化率，从而使得产品的最终效果变得越来越好。

A/B test 实验在具体操作中需要先明确核心目标，设置好能够准确反映核心目标的衡量指标；其次是能够合理收集有效的样本量，要知道样本量越多实验结果就越精确，但也会带来样本收集成本高的问题；再次就是要合理设置实验周期，有些结果必须在一定的周期稳定出现，才能确信它是一种规律性的结果。

总之，A/B test 是一种在产品运营改进过程中的操作方法，也是一种分析思维。对于 A/B test 实验的具体操作过程和规范感兴趣的读者，可以借助其他学习材料进一步学习，这里限于篇幅，暂不展开。

6.3 互联网产品运营数据分析

在互联网产品运营过程中，一切运营的干预动作及其结果，都将反映为数据，通过数据的分析，发现其中的问题和规律，从而为下一步的产品优化和运营措施提供了依据。所以，互联网产品运营改进的过程，最为核心的部分就是采集数据、分析数据和应用数据的过程。

6.3.1 数据规划与数据指标体系搭建

数据规划是整个数据运营体系的基础，在采集和分析数据之前，首先要明确规划采集什么数据、确立数据指标和反映指标细分属性的维度。

1. 常见的互联网运营数据指标

进行数据指标体系的规划前提是知道互联网运营过程中有哪些基本的数据指标。那么，在互联网产品运营过程中，都有哪些常见的数据指标呢？早期互联网产品运营人员只需要关注网站的 PV 是多少，而现在，运营不断向精细化方向发展，需要关注的数据越来越细致，从用户进入产品到离开，一共浏览了几个页面，多长时间，从哪个环节离开，这个环节中操作了什么，这些行为痕迹都需要转化为数据，给运营人员后期做活动策划提供很好的依据。也就是说，需要把产品平台这批用户的行为轨迹，用数据方式呈现之后再做运营策划活动，才能从海量数据中找到产品需要的忠实用户。所以，数据指标的确定显得十分重要。下面分别介绍一些在互联网产品运营实践过程中时常用到的运营数据，这是进行数据规划必须掌握的基本知识。

（1）用户运营相关的数据指标

对于一个互联网产品来说，用户是其赖以存在和发展的根基，所以对用户的拉新、活跃和留存，是运营工作需要解决的重中之重的问题。在此过程中，需要通过一些数据指标来表征运营的效果，指导运营决策的制定。

① 用户获取相关的数据指标。获取用户是运营的起始点，用户获取通常是一个线性过程，

或者说是一个固定的流程。

运营的过程本质就是由用户接触产品到用户了解认知产品，再到引起用户体验产品的兴趣，再到用户下载使用产品，再到用户信赖推荐产品的过程。这个过程中每一个流程都涉及多个数据指标。

- 渠道触达量。

一款新产品上线，需要推到一定渠道才能让更多的人知道。所谓渠道触达量就是指产品信息在推广渠道中的曝光量，即产品推广页中有多少用户浏览。推广渠道可以在应用商店，可以在朋友圈，也可以在搜索引擎，只要有流量的地方，都可以作为产品曝光的渠道。

一款产品在渠道中的曝光，一方面是想直接引来用户关注使用，另一方面还具有提升品牌热度的作用。用户虽没有点击或和产品交互，但是用户知道，它会潜移默化地影响用户未来的决策。

- 渠道转化率。

既然产品信息已经在渠道中曝光，一部分用户可能无动于衷，一部分用户应该被吸引去关注或注册产品。通常用转化率这个指标衡量一个渠道带来的对产品的关注量，例如，在一条微博中发布一个微信公众号的广告信息，这条信息的总计阅读量是 50 000，带来的对公众号的新增关注量为 500，那么这条微博的转化率就是 500/50 000 × 100%=1%。

当然，在使用转化率这个指标时还要考虑成本，并不是转化率越高越好，因为有的渠道虽然转化率很高，但相应的成本可能却是难以承受的。所以，关注转化率时更多的是要关注转化性价比，性价比越高越好。业界将转化率和成本相结合，衍生出 CPM、CPC、CPS、CPD、CPT 等指标。

CPM(Cost Per Mille)指每千人成本，它按多少人看到广告信息计费，传统媒介比较倾向采用。CPM 推广效果取决于印象，用户可能浏览也可能忽略，所以它适合在各类门户或者大流量平台采用 Banner 形式展现产品品牌。

CPC（Cost Per Click）指每用户点击成本，按点击计价，对广告主来说，这个与 CPM 不同的是，只有用户点击了才付费，不点击则不付费。也有很多人会认为，CPC 不公平，用户虽然没有点击，但是曝光带来了品牌隐形价值，这对广告位供应方是损失。

CPA（Cost Per Action）指每用户行动成本，按用户行为计价，行为可以是下载，也可以是订单购买。CPA 收益高于前两者，风险也大得多，它对需求方有利，对供应方不利。

以上三种是常见的推广方式，还有 CPT 是指按时间付费，CPS 是按销售付费，CPS 可以归到 CPA 的范围内。

② 渠道 ROI。ROI 是一个广泛适用的指标，是指投资回报率。

市场营销、运营活动，都是以企业获利为出发点，通过利润 / 投资量化目标。利润的计算涉及财务，很多时候用更简单的收入作分子。当运营活动的 ROI 大于 1，即收入大于投资时，说明这个运营活动是成功的，能够盈利。

除了收入，ROI 也可以用其他一些指标代替，例如，有些产品商业模式一开始并不清晰，赚不到钱，那么收入会用其他量化指标代替。例如，用注册用户量来代替收入，即 ROI= 注册

用户量 / 投资额。

③ 日下载量。目前很多互联网产品都是 APP 的形态，APP 需要下载才能使用，这是获取用户过程中的一个关键环节。所以，APP 的日下载量也是衡量运营效果的一个重要指标。日下载量除了要监控统计一个总数量，经常还和渠道结合起来统计，即某某渠道的日下载量。

④ 日新增用户数。新增用户数是用户获取过程中的核心指标。新增用户可以进一步分为自然增长的用户和推广增长的用户，自然增长通常是用户邀请、用户搜索等带来的用户，而推广增长是运营人员干预控制下增长的用户量。

⑤ 用户获取成本。用户获取成本又称获客成本，用户获取必然涉及成本，这是运营开展过程中不可忽略的重要因素。运营人员在求得用户稳步增长的同时，还要考虑成本因素，必须是在能够承受的成本范围内实现可观的用户增长。用户获取成本即指所有花在用户获取上的成本。

⑥ 一次会话用户数。一次会话用户数，指新用户下载完 APP 或者注册过产品，仅打开过产品一次，且该次使用时长在 2 min 以内。这类用户，通常都是无效用户。该指标属于风控指标，用于监管一些运营执行人员为了完成运营指标，采用非法的技术手段获取虚假的点击量的行为。

（2）用户活跃相关的数据指标

用户活跃是互联网产品运营的重要内容，不论移动端、网页端或者微信端的运营，都要有相关指标来衡量运营的效果。所谓用户活跃，就是指用户发生了行为，那么发生了行为、行为的特点和规律是什么？这都需要通过相关数据指标来表征，便于适应当前精细化运营的趋势和需要。

① 日活跃用户 / 月活跃用户。

一般行业默认的统计活跃标准就是用户使用过产品，广义上，用户打开 APP 算作"使用"了产品，浏览了网页内容算作"使用"，在公众号下单也算"使用"，所以对于"使用"的定义根据产品不同，采用的标准就不同。

活跃指标是用户运营的基础，可以进一步计算活跃率，即某一时间段内活跃用户在总用户量的占比。按时间维度，则有日活跃率（Daily Active User，DAU）、周活跃率（Weekly Active User，WAU）和月活跃率（Monthly Active User，MAU）。

在一个成熟的运营体系中，会将活跃用户再细分出新用户、活跃用户、忠诚用户、不活跃用户、流失用户、回流用户等。流失用户是长期不活跃的用户，即通常所说的僵尸用户；忠诚用户是长期活跃的用户；回流用户是曾经不活跃或流失，后来又再次活跃的用户。

通过不同的活跃状态，将产品使用者划分出几个群体，不同群体构成了产品的总用户量，这也是完成用户成长体系搭建的基础。健康的产品，流失用户占比不应该过多，且新增用户量要大于流失用户量。

需要注意的是，针对具体不同的产品，上述分类用户的区分标准是各不相同的，得根据产品的实际业务属性来确定。

② PV 和 UV。

PV（Page View）是页面浏览量，是互联网早期 Web 站点时代的指标，用户在网页的一次访问请求可以看作一个 PV，用户看了十个网页，则 PV 为 10。

UV（Unique Visitor）是一定时间内访问网页的人数，专业名称为独立访客数。在同一天内，不管用户访问了多少网页，他都只算一个独立访客。

③ 用户会话次数。

用户会话（User Session）是使用某个特定的 IP 地址最近（通常在过去的 30 min 里的任何时间）访问这个站点的用户的表现。用户打开 APP，搜索商品，浏览商品，下单并且支付，最后退出，这样的整个流程就算作一次会话。

会话的时间窗口没有硬性标准，网页端是约定俗成的 30 min 内，在 30 min 内用户不管做什么都属于一次会话。而超过 30 min，或者重现打开，都属于第二次会话。移动端的时间窗口默认为 5 min。

用户会话次数和活跃用户数相结合，能够判断用户的黏性。如果日活跃用户数为 100，日会话次数为 120，说明大部分用户都只访问了产品一次。

④ 用户访问时长。

顾名思义，用户访问时长就是指一次会话持续的时间长度。不同产品类型的访问时长不等，社交类产品肯定长于工具类产品，内容平台肯定长于金融理财。如果数据分析师发现做内容的产品大部分用户访问时长只有几十秒，则说明内容的吸引力不足，需要仔细分析原因。

⑤ 功能使用率。

除了关注活跃度，运营和数据分析师也经常关注产品上的重要核心功能，如收藏、点赞、评论等，这些功能关系产品的发展以及用户使用深度，没有一个运营人员会喜欢一个每天打开产品却不再做什么的用户。

功能使用率也是一个很宽泛的范围，例如，用户浏览了一篇文章，那么浏览中有多少用户评论了，有多少用户点赞了，这些都属于功能使用率，可以用点赞率和评论率这两个指标来表征。又如，视频类网站，核心的功能使用率就要用视频播放量和视频播放时长来反映。

（3）用户留存相关的数据指标

如果说活跃数和活跃率反映的是产品的市场大小和健康程度，那么用户留存就是产品能够可持续发展的基本前提。

① 用户留存率。

用户在某段时间使用产品，过了一段时间后，仍旧继续使用的用户，称为留存用户。那么，用户留存率＝持续使用的用户／总用户注册量。

在今天的互联网行业，留存是比新增和活跃提到次数更多的指标，因为移动互联网时代，越来越多的用户注意力被几个大型 APP（如微信、今日头条等）占据，用户越来越难获取，竞争也越来越激烈，如何留住用户比获得用户显得更为重要。

假设产品某天新增用户 1 000 个，第二天仍旧活跃的用户有 350 个，那么称次日留存率有 35%，如果第七天仍旧活跃的用户有 100 个，那么称七日留存率为 10%。

上面的案例都是围绕新用户展开，还有一种留存率是活跃用户留存率，或者老用户活跃率，即某时间活跃的用户在之后仍旧活跃的比率。

新增留存率和活跃留存率是不同的，新增留存率涉及产品运营中的新手引导、各类福利，而活跃留存率和产品氛围、运营策略、营销方式等有关，更考验运营的策略体系建构。

② 用户流失率。

用户流失率和留存率恰好相反。如果某产品新用户的次日留存率为30%，那么反过来说明有70%的用户流失了。

流失率在一定程度能预测产品的发展，如果产品某阶段有用户15万，月流失率为30%，在不考虑新增用户等因素的情况下，简单粗略推测，5个月后产品将失去所有的用户。

当然，产品的流失率过高就说明产品有问题吗？这取决于产品的功用及形态。例如，某产品主打婚礼管理工具，它的留存率肯定低，大多数用户结婚后就不用。旅游类的应用也是，用户一年也打开不了几次，毕竟天天在旅游的人是少数。

③ 退出率。

退出率是网页端产品的一个指标。网页端追求访问深度，用户在一次会话中浏览多少页面，当用户关闭网页时，可认为用户没有被留住。退出率公式：从该页退出的页面访问数 / 进入该页的页面访问数，例如，某商品页进入的 PV 是 1 000，该页直接关闭的访问数有 300，则退出率30%。

跳出率是退出率的特殊形式，有且仅浏览一个页面就退出的次数 / 访问次数，仅浏览一个页面意味着这是用户进入网站的第一个页面，然后接着就退出了。

退出率用于网页结构优化，内容优化。跳出率常用于推广和运营活动的分析。

2. 活动运营相关的数据指标

活动是互联网产品运营中经常采用的手段，广泛用于用户拉新、用户活跃、用户留存等。

一次运营活动的策划、实施和传播效果如何，也需要通过一些数据进行表征。

（1）K 因子

K 因子（K-factor）是指每位用户平均向多少用户发出邀请，发出的邀请又有多少有效的转化率，即每一个用户能够带来几个新用户，当 K 因子大于 1 时，每位用户至少能带来一个新用户，用户量会像滚雪球般变大，最终达成自传播。当 K 因子足够大时，就属于指数级增长的病毒性传播了。

（2）病毒性传播周期

活动、广告、营销等任何能称之为传播的形式都有传播周期。病毒性营销的波峰往往只持续两三天，这是用户拉新的黄金周期。

另外一种传播周期是围绕产品的邀请机制，它指种子用户经过一定周期所能邀请的用户。

因为大部分用户在邀请完后均会失去再邀请的动力，那么传播周期简化如下：假设 1 000 位种子用户在 10 天邀请了 1 500 位用户，那么传播周期为 10 天，K 因子为 1.5，这 1 500 位用户在未来的 10 天内将再邀请 2 250 位用户。

（3）用户分享率

当下的互联网产品都会内嵌分享功能，对内容型平台或者传播依赖型的产品，用户分享率是较为重要的指标，它又可以细分为微信好友 / 群、微信朋友圈、微博等渠道。

（4）活动曝光量／浏览量

线上活动对传播的诉求是比较高的，策划一次活动，首先需要传播出去，广泛曝光，才能引来一定的参与量。活动曝光量／浏览量就是表征活动传播广度的一个指标，可以通过一些技术手段进行数据监测和收集。

（5）活动参与率

活动参与率即是指参与活动的用户数与浏览活动的总用户数。

运营活动可以看作一个短生命周期的产品，产品的一切指标都能应用于其中。例如，一个活动的参与人数（活跃数）多少；有多少老用户参与了这个活动；有多少新增用户因为这个活动来，传播类的活动分享数据怎么样；活动中的各个流程转化如何；活动带来多少新订单。

3. 商务运营相关的数据指标

对于一款互联网产品的运营，最终都要导向商业目标的实现，即商业变现。所以，在互联网产品运营过程中，还涉及一些与商务相关的数据指标分析与应用。

（1）营收相关的指标

对于运营产品的商业组织来说，对产品运营各类指标的追逐，最终目的还是要实现商业价值，即实现营收获取利润。所以，产品运营或者市场人员不仅仅是为活跃、留存负责，而是帮助企业实现营收的提升。所以，运营也要时刻关注一些关于营收的数据指标。

① 活跃交易用户数。

在一个用户使用产品的过程中，从产品曝光到用户下载，从用户打开活跃到产生收入，产品的指标在一步步往商业靠拢，活跃交易用户则是核心指标。整个流程呈现漏斗状，即遵循漏斗模型。

和活跃用户一样，活跃交易用户也可以区分成首单用户（第一次消费）、忠诚消费用户、流失消费用户等。细分交易数据和指标，关系到产品商业化的进展，所以是有必要的。

活跃用户交易率，是用来统计交易用户在活跃用户中的占比。当产品活跃用户足够多，但是交易用户少时，此时的商业化是有问题的，即俗称的变现困难，很多公司都因这一步无法跨越而难以持续。

② GMV。

GMV（Gross Merchandise Volume）是指一段时间内的成交总金额，只要用户下单，生成订单号，便可以算在 GMV 里，不管用户是否真的购买了。成交金额对应的是实际流水，是用户购买后的消费金额。销售收入则是成交金额减去退款。

把上述的指标看作用户支付的动态环节，则能再产生两个新指标：成交金额与 GMV 的比率，实际能换算成订单支付率；根据销售收入和成交金额，可以换算出退款率。

③ 客单价。

传统行业，客单价是一位消费者每一次到场消费的平均金额。在互联网中，则是每一笔用户订单的收入，其计算公式是：总收入／订单数。

很多游戏或直播平台，并不关注客单价，因为行业的特性它们更关注一位用户带来的直接价值。超市购物，用户购买是长周期性的，客单价可以用于调整超市的经营策略，而游戏这类行业，用户流失率极高，运营人员更关注用户平均付费，这便是 ARPU（Average Revenue Per User，每用户平均付费数）指标，其计算公式是：总收入 / 用户数。

ARPU 可以再一步细分，当普通用户占比太多时，往往还会采用 ARPPU（Average Revenue Per Paying User，每付费用户平均收入）指标，其计算公式为：总收入 / 收费用户数。

④ 复购率。

复购率即用户重复购买率，指消费者在单位时间内对该品牌产品或者服务的重复购买次数，重复购买率越多，则反映出消费者对品牌的忠诚度就越高，反之则越低。

重复购买率有两种计算方法：一种是所有购买过产品的顾客，以每个人为独立单位重复购买产品的次数，例如，有 10 个客户购买了产品，5 个产生了重复购买，则重复购买率为 50%；第二种，按交易计算，即重复购买交易次数与总交易次数的比值，如某月内，一共产生了 100 笔交易，其中有 20 个人有了二次购买，这 20 人中的 10 个人又有了三次购买，则重复购买次数为 30 次，重复购买率为 30%。

由此可以引出另一个相关指标——回购率，指的是上一个时间窗口内的交易用户，在下一个时间窗口内仍旧消费的比率。例如，某电商 4 月的消费用户数为 1 000，其中 600 位在 5 月继续消费，则回购率为 60%。600 位中有 300 位消费了两次以上，则复购率是 50%。

⑤ 退货率。

退货率是指产品售出后由于各种原因被退回的数量与同期售出的产品总数量之间的比率。

退货率是一个风险指标，越低的退货率一定越好，它不仅直接反应财务水平的好坏，也关系用户体验和用户关系的维护。

（2）商品相关的数据指标

这里以商品为主的数据分析，商品不限于零售行业，知识付费、在线教育、虚拟服务、增值服务都属于商品的一种。它有许多通用的分析模板，如购物筐、进销存。下面介绍购物筐分析。

购物筐分析仅仅是一种电子商务的指标，更多的是对用户消费行为特点和规律的分析。

连带率是购物筐分析的一个重要指标，其计算公式是：销售件数 / 交易次数。在大型商场和购物中心，连带消费是经营的中心，用户多次消费即连带消费。在电商网站中，连带率表示购物的深度，是单次消费提高利润的前提。

商品热度是指一件商品的热销程度。可以将商品分为最热门 Top20，最盈利 Top20 等，很多营销会将它和连带率相结合，如电子商务网站，重点推广多个能带来流量的热门爆款商品，爆款商品并不谋求赚钱，而是靠爆款连带销售其他有利润的商品。

购物筐分析中最为人熟知的莫属非关联度分析，简单地说，就是买了某类商品的用户更有可能买哪些其他东西。例如，买了洗脚盆的用户，关联地为其推荐泡脚的药材。

关联分析有两个核心指标：置信度和支持度。支持度表示某商品 A 和某商品 B 同时在购物筐中的比例，置信度表示买了商品 A 和有多少人同时买了商品 B，表示为 A → B。例如，李阿姨每次去菜场买菜都喜欢买一根葱，在李阿姨的菜篮（购物筐）分析中，葱和其他菜的支持度很高，可是能说明李阿姨买葱后就一定买其他菜（葱→其他菜）吗？不能，只能说李阿姨买了菜会去买葱（其他菜→葱）。

（3）进销存相关数据指标

进销存是传统零售行业的经典管理模型，将企业商品经营拆分出采购、入库、销售三个环节，并且建立全链路的数据体系。在电子商务中，许多场景与进销存息息相关。

电子商务有几个基础概念：商品、SKU、SPU。商品就是对应消费者理解的产品，任何主流的电子商务网站，商品详情页都对应一个商品，也称为 SPU（Standard Product Unit，标准化产品单元）。而在商品介绍的详情页中，还会涉及尺码、颜色、样式的选择，这类属性形成了SKU（Stock Keeping Unit，最小单位库存）。商品的每一个属性都对应着不同的 SKU，如一件衣服有 XL、XXL、L 三个尺寸，则这件衣服是一个 SPU，三个尺寸对应着三个 SKU。

① 采购。

在日常的电商运营中，有些用户喜欢白色的手机，有些用户钟情于 256 GB 大存储量的手机，如何更好地卖出这些商品，是从采购环节就开始要考虑的。

采购包括广度、宽度、深度三个维度。广度是商品品类，越充足的品类越能满足消费者的消费需求，但是也带来管理难、销售难的缺点。例如，市面上手机品类总共有 60 个，某手机店出售 30 种，则品类比为 30/60=50%。

采购宽度是 SKU 占比，代表商品供选择的丰富程度。手机有黑色、银色、白色三种颜色和 32 GB、64 GB、128 GB 三种存储容量，共 9 个 SKU，如果手机店只卖白色的手机，则 SKU 占比就是 33%。

采购深度是指平均每个 SKU 的商品数量，例如，某电商平台的服装店铺里 XL 号的 A 品牌女士内衣的商品数量为 368 件。

② 入库。

库存是一个中间状态，采购是进，销售是出。库存是一个动态滚动的变化过程，常拿过去时间窗口内的库存消耗速度衡量现有存量的消耗进度。某电商平台上的服装店铺 5 月每天消耗库存 2 000 件，5 月末的库存为 5 万件，按过去的消耗速度，则这 5 万件的衣服需要 25 天才能消耗完，25 天就被称为库存天数。这个规则，可以作为评估缺货趋势的基本参考。

③ 销售。

销售环节的指标主要体现在两方面：销售的速度和销售的质量。销售速度常用售罄率来表示，其计算公式是：一定时间周期内的销售数量 / 时间窗口内的库存数量 ×100%。例如，某电视机商品 3 月份累计售罄率 50%，4 月份累计售罄率 60%，5 月份累计售罄率 80%，说明该商品逐渐卖断货应该补货了，反过来售罄率如果一直低迷，则应该促销或者减少进货量。

销售的质量和折扣率挂钩，其计算公式是：实收金额 / 标准金额 ×100%。

进销存相关的指标与互联网流量之类的指标似乎不属于一个范畴，但很多互联网产品变现都要靠电商或类似形式，所以，运营人员对这方面的知识有必要进行基本的掌握。但电商本身是一个比较复杂的体系，学有余力的读者，可以通过网络等其他渠道，更进一步学习和了解相关的知识。

以上对数据运营中所涉及的基本数据指标类型进行了简要介绍，在实际工作中，由于工作侧重点的不同，产品运营人员所要关注和实现的指标也是各不相同的，根据业务场景和产品的不同，需要的数据指标也是丰富多样的。要想让数据为运营效果服务，还需要明确数据分析的目标和应用的方向，这样才能够明确采集什么数据以及用什么方法分析数据。

6.3.2 数据指标体系搭建

上一节我们介绍了互联网运营过程中常见的一些数据指标，那在具体到某个实际的运营项目分析中，究竟应该确立和分析哪些指标呢？这就需要在数据分析的一开始就确立数据指标体系。

所谓数据指标就是指用具体的数据表示的衡量目标的指数、规格、标准等参数，用来对事物进行确定性的描述。在实际的工作中，一个问题并不是单一的，往往有很多方面，只用一个指标不能充分说明该问题。这就需要一组有逻辑的数据指标来描述，这就是数据指标体系。

1. 数据指标体系的要素

一般而言，一套数据指标体系由以下五个基本要素构成。

（1）主指标

主指标又称一级指标，用来评价一个事物到底如何的最核心的指标。比如当我们说"产品卖得好"，想到是用"销售金额"这个指标来衡量，即销售的收入多，就是卖得好。

每个指标得包含以下要素：

① 业务含义：在业务上它的意义是指什么。

② 数据来源：哪个系统采集原始数据，即数据从哪里获取。

③ 统计时间：在哪个时间周期内产生该数据。

④ 计算公式：有些数据是统计计算后的数据，比如销售利润率，那如果有比例、比率，得描述清楚哪个数是分子，哪个数是分母；如果是汇总，得描述清楚哪个数加哪个数。

需要注意的是，有可能需要多个主指标来做综合评价从而得出结论。比如说"产品卖得好"，光看销售金额还不够，可能还要关注毛利，这才是真正赚到的钱。可能还得看销售数量，因为销售数量和库存直接挂钩，得防止积压太多导致库存成本高。这样就至少有了三个主指标：销售金额、销售件数、销售毛利。

（2）子指标

主指标不一定就是一个直接采集的指标，而可能由几个子部分构成，这就涉及子指标，即构成主指标、支撑主指标的下级指标。

举个例子：销售金额 ＝ 用户数 × 转化率 × 客单价

在上面这个数据公式中，如果销售金额没达标，我们就要搞清楚：到底是购买的客户少了，还是推广覆盖的人不够多，还是说价格设的太便宜了，了解细节有利于找到真正的问题，这时候就得对主指标进行拆解，拆解出构成主指标的子指标，如图 6-4 所示。

需要指出的是，选择的主指标不同，拆解子指标的方式也就不同。例如，在图 6-4 所示的拆解过程中，如果选择的主指标是毛利，则子指标为营收和成本；如果选择的主指标是营收，则子指标是用户数。

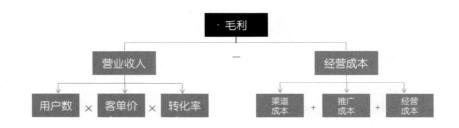

图6-4　指标拆解示意图

（3）过程指标

主指标一般衡量的是一个最终结果，但在实际运营实践中，某个最终结果的取得是通过一系列的过程达成的，比如在电商平台运营过程中，一个用户从访问网店到最终形成销售，中间至少要经历筛选商品、进入详情页、加入购物车、下单、支付、收获等这样一系列的过程，在这个过程中会遵循本章 6.2 节所讲的漏斗模型。在数据分析的时候，我们不仅要分析最终的结果数据，得出符合预期还是不符合预期的结论，更多的时候是需要考察问题出在了哪个环节，这就需要根据最终指标的达成过程，设置一些用以监督、改进的指标，这些指标就是过程性指标。比如主指标是销售量，过程性指标可以是搜索数、进入详情页人数、下单数等，而且在这些过程性指标之间，还可以计算转化率这样的指标。

（4）分类纬度

在运营实践中，一个结果是一个团队在一定时间内，通过一系列环节达成的。那为了更细致地分情况、分条件了解一些情况时，可以把数据指标按照某种纬度进行分类分析和考查。比如，想知道总销售金额是怎么构成的，每个地区、每个团队分别完成多少，可以增加分类维度。通过分类维度，把主指标切成若干块，这样能避免平均数陷阱，把整体和局部一起看清楚，如图 6-5 所示。

图6-5　分类纬度示意

（5）判断标准

即使有了上述主指标、子指标、过程指标和分类纬度这些要素，我们还是不能轻易做出"A产品卖得好"这样的结论。因为好是个形容词，是个相对的概念。需要一个参照物来对比，这个确定了的参照物，就是数据指标体系的判断标准。在构造指标体系的时候，往往这些判断标准是和当前数据一起呈现的。这样在看数据的时候，可以直观地做出判断，使用起来就很方便了。

2. 数据指标体系的应用

按照上述五个要素搭建数据指标体系之后，就可以对其加以应用从而指导运营实践。有了上述这五个要素，就能很轻松地对一些问题进行诊断，具体来说，应用这些要素，可以按照下面这样一个基本过程，得出相应的判断和结论。

首先，可以通过主指标 + 判断标准，得出总的结论，比如主指标是销售金额，先看本月是否达标了，没达标的话还差多少达标。再看是否年累计达标，有多少亏空 / 盈余。这样很容易看清楚，知道问题是什么，有多大。

其次，再通过分类维度看哪些方面做得好、哪些方面做得不好。比如：哪些区域没有做好，是不是一贯做不好；哪些区域做得好，是勉强完成还是持续上涨。

最后，通过观察子指标/过程指标看哪个环节没做好。比如：是线索太少了，得加大推广力度；还是跟进成功率低，得提升销售能力；还是报价太高，得增加一些折扣。

由此可见，通过搭建数据指标体系，不仅可以考查宏观层面的问题，还可以考查微观细节的问题，不仅可以了解总体的情况，也可以了解分类的情况。这样使得我们的数据分析有的放矢、精准清晰，而且全面、立体地反映问题的点、线和面。

3. 数据指标体系的搭建步骤

确定数据指标体系五个基本要素的过程就是搭建数据指标体系的过程。具体而言，我们通过以下五个步骤进行数据指标体系的搭建。

（1）明确运营目标，确立主指标

每一个运营项目都有其核心诉求和预期达成的目标，找出如何衡量这个主目标的指标，就是主指标了。确立主指标是搭建数据指标体系最重要的一步，把主目标梳理清楚、确立起来，然后才能确定子指标怎么拆解、过程指标怎么划分，同时指标的判断标准也要先指导指标是什么。

（2）确定判断标准

既然已经找到了主指标，就得为它建立配套的判断标准。这样才能解读数据含义，进而才能得出结论。

一般常见的判断标准有四类：包括 KPI 达成率法、竞品对标法、生命周期法和自然周期法。

KPI 达成率法：如果主指标直接是从 KPI 中确立的，那直接用 KPI 指标要求的数量作为判断标准即可，直接计算 KPI 的达成率。

竞品对标法：以竞品或行业的水平作为参照物，超过就说明做得好，未达到就说明做得不好。

生命周期法：主要是通过环比数据来判断好坏，假设业务运行有一个明显的周期性，那么选一个标杆周期的水平作为判断标准，超过标杆说明做得好，未超过说明做得不好。

自然周期法：主要是通过同比数据来判断好坏，假设业务每年有一个正常走势，那么符合往年走势且数据表现比往年还好，那说明做得好，否则说明做得不好。

（3）了解业务运作模式，拆解子指标

有了主指标和主指标的判断标准以后，可以进一步梳理子指标。子指标和业务运作方式有直接关系。比如销售金额，既能以分公司为单位进行指标拆解，也能以用户为单位进行。

具体怎么拆解，要看业务具体是怎么运作这件事的。比如销售一般按区域管理，那就按分公司拆。市场一般按用户管，就按用户拆。总之，指标的拆解是帮助业务、支撑业务、方便业务的。

（4）梳理业务流程，设定过程指标

过程指标理论上越多越好，越多的过程指标，可以越细地追踪流程、发现问题。但在具体工作过程中，不见得每个动作节点都可以做数据采集，因此要结合具体业务流程来确定指标，在关键节点加以控制。梳理过程指标过程中，究竟要梳理到何种详细的程度，取决于两点：第一点是该节点在过程中的重要程度，第二点是数据的采集难度。

（5）添加分类维度

分类纬度的添加主要取决于具体运营过程中想要从哪些方面了解情况，可以按照业务的需要，灵活的添加分类纬度。比如，想要了解哪个区域的产品销量好或是差，那就按地域分类；想要了解哪些用户需要发优惠券促销时，那就可以按客户层级进行纬度分类。

总之，数据指标体系的搭建要基于对业务的充分了解，紧密结合业务的需要，站在业务的角度去思考，不能为了搞指标而搞指标。因为，数据指标体系的搭建到最终的应用，是为了支撑业务、为业务服务的，不能为业务服务的数据指标体系都是无效的、徒劳的。

6.4 产品数据的获取

要对数据进行分析处理，前提是要有数据。数据采集是否丰富，采集的数据是否准确，采集是否及时，都直接影响整个数据后续的应用效果。所以，在确立了数据分析的指标体系之后，如何能够客观、全面、有效地采集到第一手的数据原料，就成为需要解决的关键问题。目前，常见的互联网产品数据采集方案有三种：埋点采集、可视化埋点采集和无埋点采集。

6.4.1 埋点

埋点是互联网产品运营数据分析的一种常用的数据采集方法。埋点也称打点，是通过在网页或 APP 中手动添加统计代码收集需要的数据。打点又可以细分为前端打点和服务器端打点。例如，要收集用户注册数，就需要在注册按钮处加载相应的统计代码。数据埋点分为初级、中级、高级三种方式，具体操作如下：

① 初级：在产品、服务转化关键点植入统计代码，根据用户独立 ID 采集，确保数据采集不重复（如注册按钮点击率）。

② 中级：植入多段代码，追踪用户在产品系统每个界面上的一系列行为（如打开商品详情页—选择商品型号—加入购物车—下订单—购买完成）。

③ 高级：尽可能采集分析用户全量行为的数据，建立用户画像，还原出用户行为模型，作为产品分析、优化的基础。

数据埋点是一种良好的私有化部署数据采集方式。数据采集准确，满足了产品运营方去粗取精，实现产品、服务快速优化迭代的需求。

当然，数据埋点的应用也有一些劣势。首先，埋点代价比较大，每一个控件的埋点都需要添加相应的代码，不仅工作量大，而且限定了必须是有一定技术基础的技术人员才能完成。其次，更新的代价比较大，每一次更新埋点方案，都必须修改代码。对于 APP 产品来说，修改代码后就需要通过各个应用市场进行分发，并且总会有相当多数量的用户不喜欢更新 APP，这样埋点代码就得不到更新。最后，就是所有前端埋点方案都会面临的数据传输时效性和可靠性问题，这个问题只能通过在后端收集数据来解决。

通常，有两种埋点的技术实现途径：第一种是产品运营者自己在产品中注入代码统计，并搭建起相应的后台查询统计系统；第二种是利用第三方统计工具进行埋点，例如，友盟、百度移动、魔方、APP Annie、talking data 等第三方工具都提供了功能强大的数据埋点解决方案。

6.4.2 可视化埋点

可视化埋点也称框架式埋点，就是指用框架式交互手段来代替纯手工写代码，固化相应代码作为 SDK（Software Development Kit，软件开发工具包），方便直接调用，这就类似于用一个集成开发框架将许多需要手工完成的代码工作固化下来，供自动化调用。这极大地减少了手工写代码的工作量和复杂度。例如，早期开发设计一个网页，都需要通过写一行一行的代码去实现，后来随着技术的发展，一些公司开发出了诸如 FrontPage、Dreamweaver 这样的网页设计软件，这些软件可以通过可视化的方式直接进行网页设计，很多基础代码都可以由软件自动生成，用户只要进行布局、内容的设计即可，这样就大大降低了操作的工作量和难度。可视化埋点技术的道理类似于用 Dreamweaver 软件替代手工编写网页。

所以，可视化埋点技术很好地解决了代码埋点的埋点代价大和更新代价大两个问题。在国外，以 Mixpanel 为首的数据分析服务商，都相继提供了可视化埋点的方案，Mixpanel 将其称为 codeless。而国内的 TalkingData、诸葛 IO 等也都提供了类似的技术手段。

6.4.3 无埋点

虽然可视化埋点省时省力，但它也有应用的局限。可视化埋点能够覆盖的功能是有限的，并不是所有的控件操作都可以通过这种方案来完成。所以，进一步发展出了既省时省力又能比较全面地收集数据的无埋点技术。

"无埋点"是先尽可能收集所有控件的操作数据，然后再通过界面配置哪些数据需要在系统中进行分析。"无埋点"相比框架式埋点的优点，一方面解决了数据"回溯"的问题，另一方面，也可以自动获取很多启发性的信息。

无埋点工具会利用它部署在网站页面（或者 APP）上的基础代码对网站（或 APP）上所有的可交互事件元素进行解析，获取它们的 DOM 路径。采集用户行为时，监测工具也会通过它的基础代码对页面上所有的 DOM 上的用户操作行为进行监听，当有操作行为（交互事件）发生时，监测工具会进行记录，并且同时记录对应的 cookie（或 device ID）信息，将与用户设置的信息关联起来。所以，这也是为什么页面上所有的交互（包括基于 http 的链接交互）都可以通过这一方式可视化的被监测的原因。

无埋点大大减少了开发人员的开发成本及技术和业务人员的沟通成本。可以说，无埋点技术的出现，最大化地提升了数据收集的速度，大幅缩短了数据收集周期，使得原来不敢想的事情现在敢做了，原来碍于必须有时效性不敢收集的数据也可以迅速进行分析了。在这点上，无埋点技术对传统埋点技术的优势巨大。

当然，无埋点技术也有一些局限，由于这部分知识涉及一些技术原理，相对有一定难度，一般需要专业的技术工程师或数据分析工程师进行操作和应用，初学者只要了解其基本的原理即可。学有余力的读者，可以通过互联网或其他书籍资源，进一步深入学习相关知识。

6.5　数据的分析及应用

有了数据之后，就可以对数据进行分析和应用，从而为产品迭代和运营决策提供依据。在数据运营过程中，数据分析及应用是核心所在。前两个阶段的数据规划和数据采集都是为数据分析服务的。

数据运营的最终目的是通过数据分析的方法发掘并定位问题，从而提出解决方案，促进业务增长。

关于数据分析的意义，可以用一个经典的案例来说明。例如，沃尔玛超市通过数据分析发现的"尿布与啤酒"的故事。故事产生于 20 世纪 90 年代的美国沃尔玛超市，沃尔玛的超市管理人员分析销售数据时发现了一个令人难以理解的现象：在某些特定的情况下，"啤酒"与"尿布"两件看上去毫无关系的商品会经常出现在同一个购物篮中，这种独特的销售现象引起了管理人员的注意，经过后续调查发现，这种现象出现在年轻的父亲身上。因为在美国有婴儿的家庭中，一般是母亲在家中照看婴儿，年轻的父亲前去超市购买尿布。父亲在购买尿布的同时，往往会顺便为自己购买啤酒，这样就会出现啤酒与尿布这两件看上去不相干的商品经常会出现在同一个购物篮的现象。如果这个年轻的父亲在卖场只能买到两件商品之一，则他很有可能会放弃购物而到另一家商店，直到可以一次同时买到啤酒与尿布为止。沃尔玛发现了这一独特的现象，开始在卖场尝试将啤酒与尿布摆放在相同的区域，让年轻的父亲可以同时找到这两件商品，并很快地完成购物；而沃尔玛超市也可以让这些客户一次购买两件商品、而不是一件，从而获得了很好的商品销售收入，这就是"啤酒与尿布"故事的由来。

6.5.1　运营数据分析的步骤

数据分析是指用适当的统计分析方法对收集来的大量数据进行分析，提取有用信息和形成结论而对数据加以详细研究和概括总结的过程。具体到运营工作实践中，运营数据分析应用的基本流程主要包括以下几个步骤：

1. 明确目标，确定问题

在互联网产品运营实践中，数据分析本身并不是目的，而是为实现某个特定目的而存在的，数据收集、数据处理和数据建模都要围绕数据分析的目的展开。所以，明确数据分析目标是数据分析的出发点。明确数据分析目标就是要明确本次数据分析要研究的主要问题和预期的分析目标等，简单地说就是定义问题，即确定数据分析是为了要解决什么具体的问题。

2. 数据收集

数据收集是按照确定的数据分析框架，收集相关数据的过程，它为数据分析提供了素材和依据。这里的数据包括一手数据与二手数据，一手数据主要指可直接获取的数据，如公司内部的数据库、市场调查取得的数据等；二手数据主要指经过加工整理后得到的数据，如统计局在互联网上发布的数据、公开出版物中的数据等。

3. 数据处理

数据处理是指对采集到的数据进行加工整理，形成适合数据分析的样式，保证数据的一致性和有效性。它是数据分析前必不可少的阶段。

数据处理的基本目的是从大量的、杂乱无章、难以理解的数据中抽取并推导出对解决问题有价值、有意义的数据。如果数据本身存在错误，那么即使采用最先进的数据分析方法，得到的结果也是错误的，不具备任何参考价值，甚至还会误导决策。

数据处理主要包括数据清洗、数据转化、数据抽取、数据合并、数据计算等处理方法。一般的数据都需要进行一定的处理才能用于后续的数据分析工作，即使再"干净"的原始数据也需要先进行一定的处理才能使用。

4. 数据统计分析

数据分析是指用适当的分析方法及工具，对收集来的数据进行分析，提取有价值的信息，形成有效结论的过程。

在确定数据分析思路阶段，数据分析师就应当为需要分析的内容确定适合的数据分析方法。到了这个阶段，就能够驾驭数据，从容地进行分析和研究了。

一般的数据分析我们可以通过 Excel 完成，而高级的数据分析就要采用专业的分析软件进行，如数据分析工具 SPSS、SAS、Python、R 语言等。

5. 数据可视化呈现

通过数据分析，隐藏在数据内部的关系和规律就会逐渐浮现出来，那么通过什么方式展现出这些关系和规律让别人一目了然呢？一般情况下，数据是通过表格和图形的方式来呈现的，即用图表说话。

常用的数据图表包括饼图、柱形图、条形图、折线图、散点图、雷达图等，当然可以对这些图表进一步整理加工，使之变为我们所需要的图形，如金字塔图、矩阵图、瀑布图、漏斗图、帕雷托图等，如图 6-6 所示。

多数情况下，人们更愿意接受图形这种数据展现方式，因为它能更加有效、直观地传递出分析师所要表达的观点。一般情况下，能用图说明问题的，就不用表格；能用表格说明问题的，就不用文字。

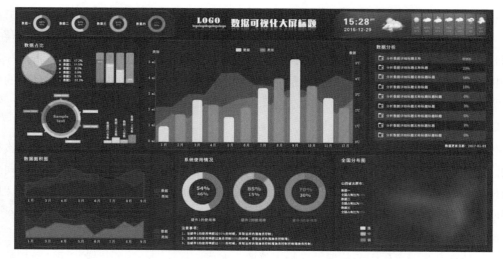

图6-6　数据可视化呈现示例

6. 撰写分析报告

数据分析报告其实是对整个数据分析过程的一个总结与呈现。通过报告，把数据分析的起因、过程、结果及建议完整地呈现出来，以供运营决策者参考。所以产品运营数据分析报告是通过对数据全方位的科学分析来评估产品运营质量，为运营决策者提供科学、严谨的决策依据，以降低产品运营风险，提高产品核心竞争力。

一份好的分析报告，首先需要有一个好的分析框架，并且层次明晰、图文并茂，能够让读者一目了然。结构清晰、主次分明可以使阅读对象正确理解报告内容；图文并茂，可以令数据更加生动活泼，提高视觉冲击力，有助于读者更形象、直观地看清楚问题和结论，从而产生思考。

其次，需要有明确的结论，没有明确结论的分析称不上分析，同时也失去了报告的意义，因为最初就是为寻找或者求证一个结论才进行分析的，所以千万不要舍本求末。

第三，一定要有建议或解决方案，作为决策者，需要的不仅仅是找出问题，更重要的是建议或解决方案，以便他们在决策时参考。所以，数据分析师不光需要掌握数据分析方法，而且还要了解和熟悉业务，这样才能根据发现的业务问题，提出具有可行性的建议或解决方案。

6.5.2　运营数据分析的常见应用

通过对运营数据的分析能够得到一些规律，比如可以用于预测未来的一些趋势，也可以用于对比一些更具性价比的方法，也能细查运营过程中的一些问题点。在互联网产品运营的实践中，数据分析主要应用在以下一些方面。

1. 趋势分析

趋势分析是互联网产品运营过程中最简单、最基础，也是最常见的数据监测与数据统计和分析，例如，分析一款 APP 产品的 DAU（Daily Active User，日活跃用户）的变化趋势，通常是将一定周期内的 DAU 数据进行统计整理，建立一张 DAU 数据指标数值变化的折线图或柱状图，然后持续观察图形的变化趋势，如图 6-7 所示。在这个过程中，重点要关注的就是异常值，在不同的数据分析情景中异常值的表现和定义不同。在 DAU 趋势图中，如果某个时间段内的 DAU 明显下降，就属于异常值，说明产品的用户活跃度出现了明显的低落的问题。

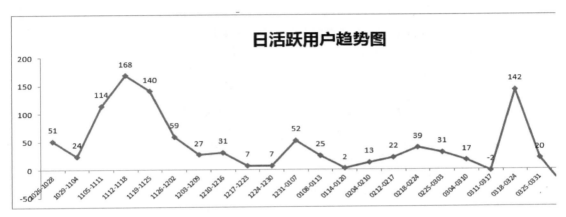

图6-7 趋势分析示例

2. 多维度拆解分析

在很多情况下，单纯监测和观察一个数据指标值并不能找出什么问题和规律，需要按照不同的维度对数据进行拆解分析，这样很多细节就可能会呈现出来。所以，多维度分解分析就是指从业务需求出发，将指标从多个维度进行拆分解读，从而发现规律的过程。在这个分析框架下，需要一层一层拆解，具体到每一个维度对某个指标值进行分析。多维度拆解分析类似于从多个方面和角度观察事物，会对事物的认识更全面和具体。

例如，某个网站的资讯内容频道主要提供一些前沿 IT 技术解读的文章，该频道的网站的跳出率是 0.51、平均访问深度是 3.97、平均访问时长是 0.53 min。如果要提升该频道用户的参与度，只有这样的单维度数据会让人无从下手；但是如果对这些指标进行拆解之后就会发现很多新的思路。通过访问来源分析发现，相比于其他渠道，从 CSDN、51CTO（比较有名的技术学习社区网站）等渠道过来的用户的参与度明显比通过微博、今日头条等渠道过来的用户要高，从 CSDN、51CTO 渠道过来的用户跳出率是 0.27，平均访问深度是 4.58，平均访问时长是 2.4 min；而从微博等新媒体渠道过来的用户跳出率达到 0.86，平均访问深度是 1.75，平均访问时间是 0.14 min。由此可以判断，对于该频道而言，从 CSDN、51CTO 等技术社区过来的用户质量更高，后续在推广渠道选择上，要对这类渠道有所侧重。

3. 用户归类分析

用户归类分析就是将用户根据一定的属性进行归类分群，便于再进一步研究细分群体的特征和规律。主要有两种归类的方法：第一种是根据用户的维度进行归类，比如从来源维度分，可以分为来自线下的推广、主动搜索、竞价推广等来源的用户；从用户登录平台进行归类，有

PC 端、平板端和手机移动端用户；从用户身份可以分为学生、白领等。第二种是根据用户行为组合进行归类，例如，每周在 QQ 空间签到 3 次的用户与每周在 QQ 空间签到少于 3 次的用户；电商网站的用户有直接点击"立即购物"支付购买的用户和加入"购物车"再选择结算的用户。

4. 典型用户细查分析

用户行为数据是一种重要的运营数据，观察用户在所运营产品内的行为路径是一种非常直观的用户动向分析方法。在用户归类分群的基础上，一般可以抽取 3 ~ 5 个典型用户进行细查分析，即仔细深入地分析用户的全部"蛛丝马迹"，从中找出一些潜在的问题和规律。通常，个别典型用户的行为可覆盖该类用户群体的大部分行为规律。

例如，观察某阅读产品的一个用户在登录其账户时的用户行为数据，如图 6-8 所示。

用户动作/行为	时间
访问 平台首页	13:34:36
点击 登录按钮	13:34:51
输入 wxfy	13:35:14
输入 *******	13:35:24
点击 获取验证短信	13:35:34
点击 获取验证短信	13:36:38
点击 获取验证短信	13:37:45
退出	13:38:23

图6-8　用户登录行为痕迹数据

仔细观察该用户的登录过程，经历了如下操作流程：

"访问首页"→"点击登录"→"输入用户名"→"输入密码"→"获取验证短信"→"退出"。本来整个流程符合产品设定的业务流程，操作也是比较流畅的。但是，却发现该用户连续点击了 3 次"获取验证短信"，3 次点击之间时间间隔均达 60 s 以上，最后并没有出现所期待的"登录成功"，而是直接选择"退出"。这就需要引起疑问了，用户为什么会多次点击"获取验证短信"呢？用户为什么最后没有登录成功而退出了呢？

这时就提示产品运营人群去亲自体验一下产品，体验一遍产品的登录流程。然后，可能会发现，点击"获取验证短信"后，经常迟迟收不到短信，所以就会不断点击"获取验证短信"，所以就出现了上面显示的用户行为轨迹所记录的情况。这时就要对产品进行优化，查看迟迟收不到短信的原因是什么并予以解决，或者更进一步地审视，在登录环节设置短信验证码，是否确实必要，因为这成为影响用户登录成功的关键障碍。

很多互联网产品都或多或少存在一些不合人性的设计或 BUG，通过典型用户细查分析可以很好地发现产品中存在的问题并且及时解决。

5. 用户留存分析

提升用户留存，即让用户留下来持续使用产品，是运营人员的重要职责，所以对留存情况的分析始终贯穿在运营工作的全过程。衡量用户留存的常见指标有：次日留存率、7 日留存率、30 日留存率等。对于用户留存率的分析，一方面是分析留存率的变化趋势，另一方面是结合用户行为或用户群体进行关联性分析。

例如，某社区平台，当新用户注册后，一些用户注册后就发了至少一个帖子；一些用户注册后没有发任何帖子。按照这两种不同的行为可将新用户进一步分为两个用户群：一个是注册有发帖用户群；另一个是注册未发帖用户群。对这两个新用户群体留存情况的分析如图 6-9 所示。

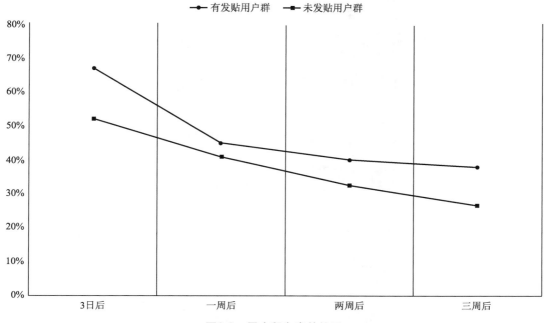

图6-9 用户留存率趋势图

从图 6-9 中可以很明显地看出，"注册有发帖"的用户留存率明显高于"注册未发帖的"的用户。据此，可以为产品功能的设计和优化提供一些启示：既然用户新注册后如果能够发一个帖子，其后续留存率会明显提高，那么在产品功能设计和运营上，可以增加一些鼓励新注册用户发帖的功能和措施，从而提高用户后续留存率。例如，新用户注册完成后，立即弹出引导用户发帖的提示，并给予积分奖励。

6. 漏斗分析

漏斗分析模型也是运营实践中经常应用的数据分析方式。漏斗是用于衡量转化效率的工具，因为从开始到结束的模型类似一个漏斗形状，因而得名。漏斗分析要注意两个要点：第一，不但要看总体的转化率，还要关注转化过程每一步的转化率；第二，漏斗分析也需要进行多维度拆解，拆解之后可能会发现不同维度下的转化率也有很大差异。

例如，对一个电子商务网站的用户购物过程中的各环节的转化率进行漏斗分析，结果如图 6-10 所示。

通过漏斗分析不难发现，在整个购物流程中，用户流失最主要的环节是"提交订单"，这就提示运营人员，着力策划和实施针对该环节的刺激提升措施。

综上所述，通过对各种产品运营数据的采集、处理与分析，最终会得出各种各样的结果，这些结果一方面包括从数据中发现的问题，这为产品功能的改进更新提供了依据；另一方面，从数据分析的结果中，还能够得到具有预见性的洞察，这些洞察为产品的优化以及下一步运营策略的优化提供了有力的支持。所以，可以说，真正优秀的产品、能取得商业成功的产品，都是在运营中不断修改出来的。

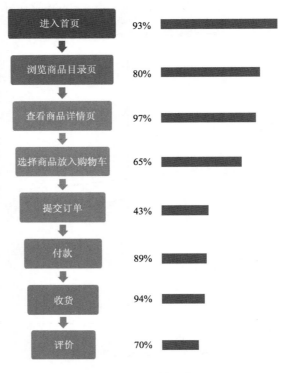

图6-10　购物转化率

思考与练习

1．简述互联网产品运营的基本任务。

2．简述AARRR模型、漏斗模型、A/B Test模型的含义。

3．名词解释：

CPC、CPS、CPA、一次会话用户数、DAU、PV、UV、K 因子、GMV、ARPU、SKU、SPU。

4．简述数据指标体系的搭建要素及其含义。

5．简单谈谈运营分析对产品迭代优化的意义。

拓展资源

资源名称	产品运营视频集	资源格式	视频
资源简介	讲解产品运营基本概念以及产品运营所包含的活动运营、用户运营、内容运营等基本运营方法		
资源获取	在前言的公众号里回复关键字：产品运营		
资源名称	数据分析视频集	资源格式	视频
资源简介	包括产品运营数据源获取、数据分析思路、步骤以及各种数据分析方法的视频讲解		
资源获取	在前言的公众号里回复关键字：数据分析		

第 7 章
互联网产品设计实践演练

对互联网的基本环境以及互联网产品的概念定义、设计理念思想、方法流程及工具有了比较全面的学习，对设计互联网产品的基本理论和方法基础有了掌握，接下来将所学付诸实践予以验证则尤为紧要。所以，本章将按照前面各章所学的知识和方法，设计实现一个真实的互联网产品，旨在更进一步地验证和体悟互联网产品设计的基本过程与逻辑。

7.1 综合案例：从零设计一个互联网外卖服务产品

大麦是互联网资深产品经理，大麦曾经设计过一款外卖服务产品，接下来让我们分享大麦是如何从 0 到 1 设计这款外卖服务产品的。

7.1.1 产品想法的缘起

大麦在互联网软件企业从事了多年软件研发工作之后，由于对 O2O 市场的热爱，随后进入了餐饮外卖行业，他们定位的对象主要是需要在外吃饭同时要求方便快捷美味的用户，以白领为主。总体来说，大麦解决的是一个餐饮问题。为了使得每一个用户都能达到方便快捷满意用餐的目标，大麦需要设计一款餐饮外卖的 APP，给用户提供全方位的餐饮外卖服务，包括商家餐饮分类展示、订单管理、搜索、支付、定位配送等功能。

在此过程中，大麦对很多精准用户展开调研，发现很多用户对餐饮的要求很高，主要表现在对美味、卫生等的高要求，还有对服务效率即快捷性服务等需求。而传统餐饮模式还停留在以下阶段：商家发传单——顾客接收传单——顾客按宣传单点餐——商家记录菜品与地点——商家按订购生产——商家自行配送——顾客接收菜品并现金支付，这种传统餐饮店的服务模式已经逐渐脱离了新时代用户对餐饮服务的需求，大麦意识到这可能酝酿着一个机会。

于是，大麦就理所当然地想到了互联网，利用互联网超越时空、共享合作、效率迅捷的特点，不用面对面就可以与不同地方的人建立联系。顿时，一个想法就浮现在大麦的脑海里——做一个基于互联网产品，通过互联网为更多的用户提供餐饮外卖的服务，通过这款产品，用户可以方便快捷地订到自己喜欢的可口饭菜。这时，大麦的脑子中浮现出一款互联网餐饮外卖产品的基本轮廓，大麦和他的伙伴们商量，把这个产品定义为"菜小姐"。取这个名字，有以下几个方面的理由：菜谐音"蔡"，是中国比较常见的姓氏，读起来朗朗上口；同时菜也象征着美食，饿了的时候，脑子中浮现出美食的画面，容易联想到菜小姐这款产品；菜小姐，比较女性化的名称，体现了热情周到的服务，更容易让用户感受到热情，进而接受这个产品。

到这里，大麦关于这块餐饮外卖产品的想法由模糊到逐渐清晰，开始形成了一个产品的基本概念，接下来大麦要做的就是关于这个产品的分析论证了。

7.1.2 产品分析

大麦已经有了一个想法并逐渐有了比较清晰的一个产品的概念，接下来大麦就需要通过对目标用户、同类产品、市场趋势、技术等方面进行分析，从而确定该产品是否具有开始启动策划设计的必要性、可行性。

1. 产品用户分析

大麦对用户从以下几个方面对他产品的使用对象进行了分析：

① 目标用户：所有人群，尤其是白领。

② 用户特点：经常在外面吃饭，追求方便、快捷，且不喜欢出门。

③ 用户与互联网联系：生活在互联网的时代，用户对互联网应用娴熟。并且，随着80、90年代出生的用户成为消费主力，这一代人的工作节奏更快，更追求自我，更会享受生活，在懒人经济下，网络外卖逐渐成为越来越多用户的餐饮消费习惯。移动用户规模迅速攀升，现在每个人基本都拥有一部智能手机，在互联网上几乎是实时在线，如图7-1所示。

图7-1 2011—2018年网民规模

用户在订餐时的问题：随着生活节奏越来越快，广大用户对餐饮的要求越来越高，传统的餐饮业面临着巨大的挑战，尤其是就餐的时间和方式，这样就产生了订餐的需求。随着移动网民的快速增长，网上订餐方式更加方便快捷，容易操作，所以深受广大用户的喜欢。

从对用户以上方面的调研分析来看，用户确实存在解决餐饮方面的困难。同时，处于互联网时代，用互联网的方式为他们提供订餐服务的方式也是可行的。

2. 市场趋势分析

在进行一个产品设计之前，不仅要看到当下的问题，还要看这个问题是不是会持续存在以及是否是一个迫切需要解决的关键问题，这事关产品的价值和未来的发展。大麦对于订餐产品的市场趋势分析，坚定了他做出这款产品的决心。

(1) 餐饮业市场规模分析

民以食为天，餐饮行业在第三产业中一直占有重要地位，2016年国家统计局数据显示中国餐饮行业市场规模为3.6亿元，同比增幅12.5%。据艾瑞平台预计，2016—2018三年餐饮行业将保持在略高于10%的增长幅度，如图7-2所示。

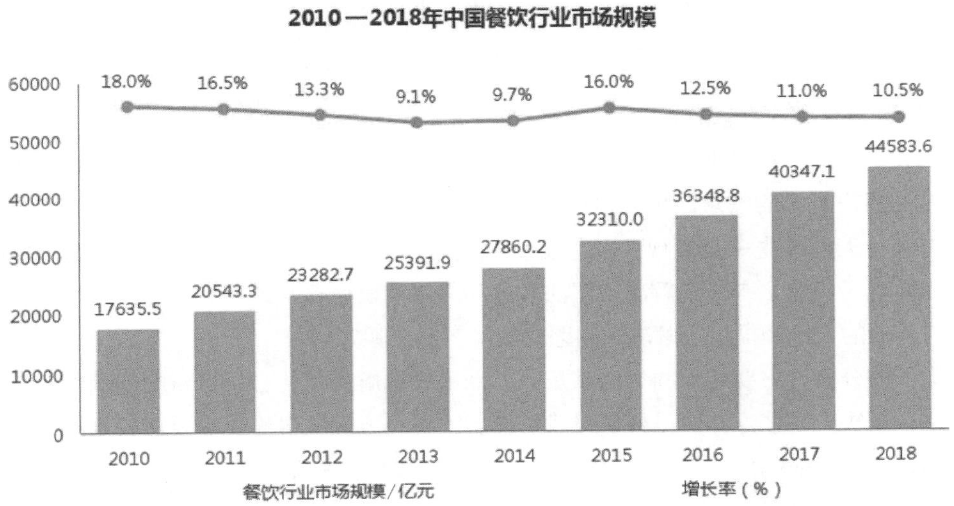

2010—2018年中国餐饮行业市场规模

图7-2 中国餐饮行业市场规模

(2) 外卖市场行业分析

2011至2017年，中国互联网餐饮外卖市场行业规模迅速做大，已经基本完成了全国主要城市覆盖，用户群体以及市场资源也在发生结构性的变化。而白领商务市场凭借更为庞大的用户基数和市场规模，牢牢占据着外卖市场的绝大多数份额。随着送餐物流的不断完善、城市扩展等因素驱动，中国在线订餐市场规模、用户规模均会持续增长，如图7-3所示。

尽管网上外卖仍处于相对初级的发展阶段，但随着营收增长和激烈竞争压力增长，很多传统的餐饮店已经面临倒闭的风险，其中不乏一些转型的餐饮店，除了线下营销，也开启了线上营销模式，通过给用户提供在线下单、快捷送餐到指定地址的服务，转型成功。

从对餐饮和外卖市场的分析来看，用互联网的方式为用户提供订餐服务是势在必行的。

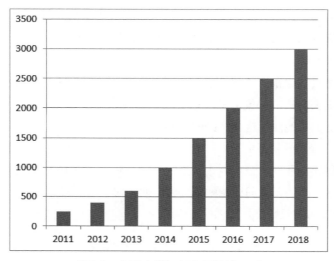

图7-3　中国在线订餐市场规模预测

3. 竞品分析

虽然大麦已经找到了他想做的产品，并且初步验证用户是有需求的，而且未来还可以满足越来越多的用户更多的需求。但是，这时候也还不能完全确定大麦发现了"新大陆"，因为可能已经有其他人已经先一步发现并登上了"新大陆"。所以，在进行产品设计时，还不能一叶障目，当发现了问题，有一个解决的想法和产品的基本概念后，还要去广泛的调研了解，是不是已经有其他的人已经提供了解决该问题的同类产品了呢？

对竞品的分析，主要是看同类产品是否已经很好地解决了自己所针对的问题？同类产品如果没有完全解决，哪些方面做得好值得我们借鉴？哪些方面做得不好需要避免重蹈覆辙？在此基础上，以便更好地把自己的产品做好。下面看看大麦所做的竞品的分析。

（1）已有类似产品

① 美团外卖。

美团外卖是网上订餐平台，美团外卖覆盖全国各城市优质外卖商家、快餐和特色美食，拥有最先进的外卖网上订餐平台和专业外卖送餐团队，如图 7-4 所示。

② 饿了么。

饿了么是中国专业的网上订餐平台，目前已覆盖北京、上海、杭州、广州等 300 多个城市，提供各类中式、日式、韩式、西式、下午茶、夜宵等优质美食，并拥有最先进的外卖网上订餐平台和专业外卖送餐团队，如图 7-5 所示。

2016 年 6 月 14 日，全球领先的移动互联网第三方数据挖掘和分析机构艾媒咨询独家发布《2016 年中国在线餐饮外卖市场专题研究报告》。数据显示，饿了么、美团外卖和百度外卖以37.8%、30.5%、15.0% 的比例领跑 2016 年 5 月移动在线订餐市场；另外 2016 年中国在线订餐市场用户规模达到 2.53 亿元。

外卖业务受限于高边际人力成本，盈利仍需要发挥"互联网 +"的信息化及数据挖掘优势，提高上游传统餐饮的品质及配送效率，或降低下游用户交易成本、提高用户使用体验。

图7-4 美团外卖

图7-5 饿了么

（2）产品定位及优势对比（见表 7-1）

表7-1 外卖产品对比表

名称	Slogan	使用人群	产品定位	产品优势
美团外卖	美团外卖，送啥都快	白领	快	1.品牌知名度高，强大的商家和资源优势 2.产品覆盖范围广：水果、生鲜、药品等 3.配送是自建+第三方合作
饿了么	饿了别叫妈	大学生、中低端用户	店多，小店模式	1.进入学生市场较早，占据优势 2.明星效应

（3）小结

通过对竞品的分析，前述两大平台如今都有大公司强大的背景支持，但均有其核心的竞争力，同时两大平台瓜分市场的目的和战略也大不相同。由此可见，我们外卖产品"菜小姐"要想在市场上占据一席之地，必须找准自己定位，与已有产品形成差异、突出特色，决定主要以特色菜系作为切入口，为所有用户尤其是白领提供外卖服务。

4. 技术分析

技术分析主要是为了确定是否具备技术力量来实现当前所要做的产品，或者实现该产品所需要的技术的成本是否可以承受。关于外卖产品，我们看看大麦的分析。

"菜小姐"APP 的功能，主要是移动端，主要用到的技术有基于 Android 和 iOS 环境的图文的上传浏览、信息的编辑发布、搜索和支付功能等，这些都是成熟技术，甚至已经有了比较成型的技术框架可用。所以，技术难度比较低，而且实现成本并不是很高，在技术上实现该产品是可行的。

通过从用户、市场、竞品和技术等方面的分析，大麦得出结论："菜小姐"APP 能够解决当前餐饮外卖的迫切问题，具有重要的价值，而且实现技术基本成熟、技术成本也在可承受范围内。于是，大麦即按照分析所形成的方向，开始进入产品的具体规划设计环节。

7.1.3 产品规划

产品规划阶段要完成对产品的基本定义、需求确认以及功能规划。大麦对"菜小姐"的规划方案如下：

1. 产品定义

菜小姐是一款面向生活节奏快的都市人群，并为他们提供快捷健康饮食服务的外卖产品，并以此为切入点更加全面地为都市人群提供健康快捷生活方式的解决方案。

2. 产品定位

① 目标用户定位：生活节奏快的都市人群，如写字楼工作的白领一族。

② 产品形态定位：互联网移动端 APP。

③ 产品功能定位：为生活节奏快的都市人提供方便快捷饮食服务的外卖产品。

3. 产品发展规划

（1）近期目标（V1.0）

完成开发产品的点餐付费这一核心功能。

（2）远期目标（V2.0）

将菜小姐打造成生活节奏快的都市人群的饮食服务平台。服务内容包括丰富外卖菜品，提供更多营养便捷的饮食选择；将服务延伸到都市人群生活的更多方面，提供有关健康便捷生活方式的内容，内容的形态也不仅仅是文字点评，而要拓展视频、音频等多媒体类型。

4. 产品核心卖点

半小时极速达的外卖服务。点外卖的用户对外卖时间要求比较高，忍受时间存在一定的合理区间。特别是工作日期间的办公室白领点菜，他们需要在有限的午休时间完成用餐。菜小姐依托覆盖城市各大主要写字楼区和居民区的线下饭店餐馆，以及训练有素的外卖团队，能够实现商家接单后半小时极速达的外卖服务。

5. 产品用户分类

根据我们对产品的功能需求梳理，产品的用户主要分为点餐用户、商家和外卖人员。点餐用户是产品直接面向的使用对象——生活节奏快的都市人群。考虑到菜品多样性，入驻的商家提供的餐饮服务在类型上要保证基本的多样性；另一方面，鉴于菜小姐产品的定位，健康快捷的快餐商家会占主要比例。外卖人员负责从商家接收外卖，并送给订餐用户。

6. 产品功能需求分析

根据我们对"菜小姐"产品的定义，可以初步梳理出产品点餐用户端、商家端、外卖人员端的功能点：

（1）用户端产品功能

点餐：添加菜品、填写订单信息、支付订单、评价订单。

（2）商家端产品功能

门店管理：上传填写门店信息、开展线上优惠活动。

接单。

（3）外卖人员端产品功能

接收商家端订单：显示自己当前位置、所派送外卖的商家信息、订单进度管理。

将外卖派送用户：订单信息、电话通信、订单进度管理。

至此，大麦对菜小姐产品已经有了一个基本的规划，接下来就进入实质性的设计阶段。

7.1.4 产品设计

进入产品阶段，产品经理要根据前期的调研分析以及产品规划，更具体地描绘出产品的基本样貌，即规定产品的基本架构、信息结构、布局形态等，形成产品的原型。菜小姐产品体系中涉及 2 类用户，一类是使用产品点餐的用户，一类是为用户提供服务的商家。因此菜小姐这一产品也有相应的用户端和商家端两个版本。下面我们来看看具体的设计情况。

1. 菜小姐（用户端）产品功能架构设计

根据对菜小姐产品的基本规划，其用户端的功能架构如图 7-6 所示。

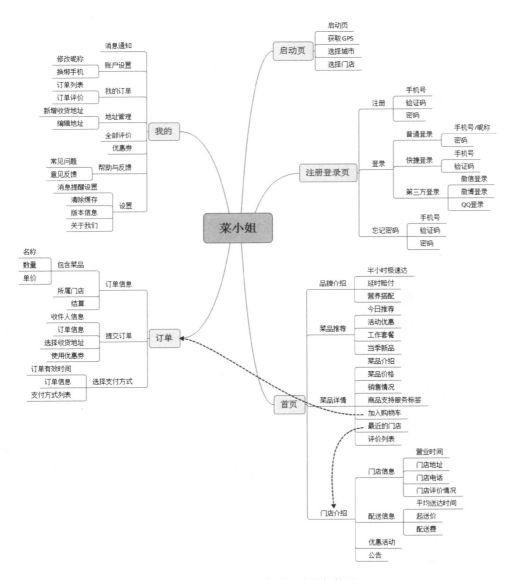

图7-6 菜小姐（用户端）功能架构图

2. 用户属性设计

菜小姐主要有两类用户，使用产品点餐的用户属性主要如图 7-7 所示。

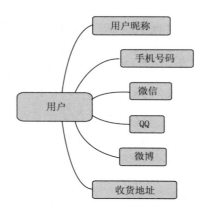

图7-7 使用产品点餐的用户的属性

为用户提供服务的商家的属性主要如图 7-8 所示。

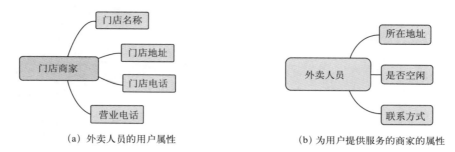

（a）外卖人员的用户属性 （b）为用户提供服务的商家的属性

图7-8 商家属性

3. 产品用例结构设计

菜小姐主要用户的用例结构如图 7-9 所示。

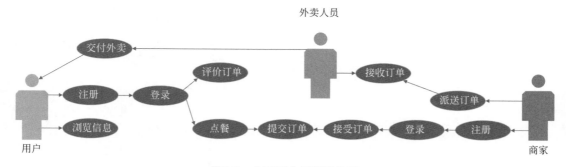

图7-9 主要用户用例结构图

4. 产品原型设计

产品原型基于产品的功能架构，体现了产品的信息架构、导航结构以及页面布局、功能交互。

接下来的内容将从原型图和功能说明两个方面介绍"菜小姐"移动端的原型设计。

(1) 启动页

启动页是用户进入产品看到的第一个界面,呈现了产品给用户的第一印象。有的产品在启动页展示的是有关产品的的简单信息,可以呈现的信息有:产品名称、产品LOGO、产品标语以及版权信息等。基于启动页的特殊位置,有的产品也会在这里宣传自家产品的最新活动,或者其他公司的产品或活动。菜小姐的启动页则是第一种类型,直接呈现有关自身产品的信息,原型显示如图7-10所示。

菜小姐是一款满足用户点菜外卖需求的产品,涉及到地理位置,所以在正式进入产品之前,需要根据GPS得到用户的地理位置数据进行逻辑判断,从而为不同情况下的用户提供不同的选择。

① 首次使用菜小姐的用户,在启动页闪过之后,不会直接进入产品的首页,而是进入定位城市和选择门店页面,原型效果如图7-11所示。在"定位城市"页面,用户可以看到自己的定位城市和已入驻菜小姐线下门店的城市列表,选择相应的城市。"选择门店"页面提供了该城市开设的所有菜小姐的门店,标注出不同门店到用户当前位置的距离,推荐距离最近的门店,如图7-12所示。

图7-10 启动页

图7-11 定位城市

② 对于老用户,如果获取到的GPS地理位置与往期数据不同,定位的城市发生了变化,产品就会提示用户"当前城市发生了变化,是否切换到当前所在的城市",然后再进行城市和门店的选择;如果获取的GPS地理位置不变,则可以直接进入产品首页。

③ 如果 GPS 获取失败的话，会直接提示用户"GPS 定位失败"。

（2）首页

下图是菜小姐的首页原型，它为用户提供了进入产品各个模块的入口。可以看到，首页原型一共包括 5 个部分，如图 7-13 所示。

① 门店状态。用户可以看到选择的门店所在的城市和名称，以及营业状况。

② 推广大图区域。这是产品用于宣传的主要区域，展示内容包括但不限于菜小姐品牌宣传、优惠情况、新品推出等。在这里用户可以直接浏览到最新的活动信息。

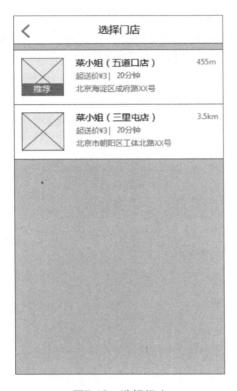

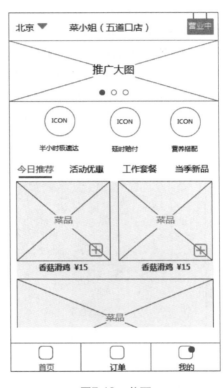

图7-12　选择门店　　　　　　　　　　　图7-13　首页

③ 特点介绍。这部分呈现的是菜小姐产品提供的服务和特点，用户点击相应部分后可以进入详情页了解具体信息。

④ 菜品推荐。这一部分以"今日推荐""活动优惠""工作套餐"和"当季新品"4 个主题组织已有的菜品信息，推送给用户，帮助用户选择菜品。

用户点击某个菜品之后，会进入"菜品详情"页，了解有关菜品的信息，如价格、门店信息、其他用户评价等，这些信息对用户决策是购买提供帮助。当用户决定好之后，点击按钮"加入订单"即可，页面底端也会相应地显示订单状况，如图 7-14 所示。

在"菜品详情"页，用户可以点击门店部分，跳转进入"门店介绍"页面，查看门店信息，如图 7-15 所示。

图7-14 菜品详情

图7-15 门店介绍

⑤ 导航栏。导航栏是整个产品的全局导航栏,用户可以通过此导航栏快速定位到自己想要前往的模块。

(3)订单

订单部分是此产品的核心部分。简单来说,它的功能逻辑是这样的:进入我的订单——去结算——填写订单信息——提交订单——选择支付方式——支付成功。接下来,我们就按照这个逻辑来了解菜小姐的原型设计。

① 我的订单。"我的订单"页面呈现的是用户的点餐情况,用户在这个页面可以增删点的菜品。点菜外卖产品都涉及运营成本,一般都会对起送价有要求,所以在设计产品的时候要考虑未满起送价和已满起送价两种状态。图 7-16 是菜小姐在这两种状态下的原型图。

② 填写订单信息。用户提交订单之后,就会跳转到"提交订单"这个页面,如图 7-17 所示。在这个页面,用户需要填写外卖地址、外卖送达时间、优惠券使用等信息。在填写外卖地址之后,产品会自动提示所填写地址是否在配送范围内,如图 7-18 所示。

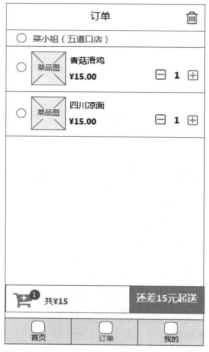
（a）未满起送价

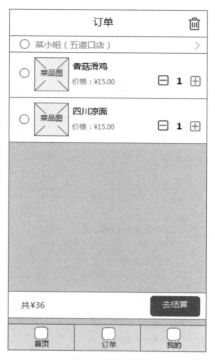
（b）已满起送价

图7-16 订单

图7-17 填写订单信息

图7-18 选择收获地址

③ 选择支付方式。目前主流的电子支付方式有支付宝和微信支付，用户可以根据自身需求选择合支付方式，如图 7-19 所示。

④ 支付成功。支付成功后，会跳转到如图 7-20 所示的页面，用户可以点击"返回首页"按钮查看其他菜品或是重新点餐，也可以点击"查看订单信息"按钮查看自己所点的菜品。

图7-19　选择支付方式　　　　　　　　　　图7-20　支付成功

（4）我的

点击导航中的"我的"按钮，即可进入相应模块。这个模块主要是汇集了有关用户的个人信息和行为操作信息，以及提供了用户和产品方之间沟通的渠道，主要有：消息通知、账户设置、我的订单、地址管理、我的评价、优惠券、帮助与反馈，以及设置，如图 7-21 所示。

① 消息通知。点击图 7-21 页面右上角的小信封，用户就会进入"消息通知"页面，如图 7-22 所示。这是菜小姐产品与用户进行交流的单向通道，用户可以看到最新的活动消息和订单消息。

② 账户设置。点击图 7-21 "爱吃的毛毛虫"之后，就会跳转到如图 7-23 所示的页面。在这个页面，用户可以修改自己的个人信息，包括设置新头像、修改昵称（见图 7-24）、绑定手机号（见图 7-25）、绑定微信、绑定 QQ、绑定新浪微博，以及修改密码。

③ 我的订单。在"我的订单"页面，用户可以看到自己提交的所有订单以及订单的状态——进行中、待评价和已完成，如图 7-26 所示。对于这些订单，用户可以进行的操作有评价订单、查看订单状态，以及查看订单详情，如图 7-27 所示。

用户可以从配送、服务和口味等方面对订单进行评价。这也是产品方收集用户反馈的一个渠道。分析处理这些信息能够帮助菜小姐产品以及线下的门店进行菜品、服务等方面的优化，从而提高用户体验。

图7-21 "我的"页面

图7-22 消息通知

图7-23 账户设置

图7-24 修改昵称

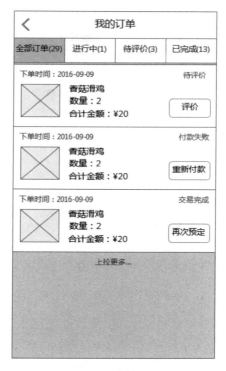

图7-25 换绑手机

图7-26 我的订单

图7-27（a） 订单评价

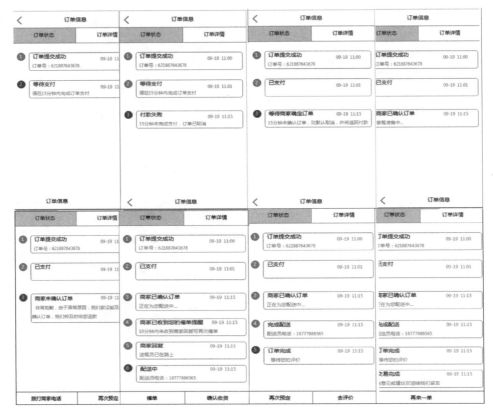

图7-27（b） 订单状态

订单信息
订单状态	订单详情

订单明细		
🏠 菜小姐（五道口店）		📞
香菇滑鸡	x1	¥15
四川凉面	x1	¥15
新 新用户立减		-¥5
○ 优惠券		-¥5
总计¥30-优惠券¥5		实付¥25

配送信息	
期望送达时间	12:30-12:45
配送地址	爱吃的毛毛虫 131××××5678 北京市海淀区新街口外大街XX号

订单信息	
订单号码	4502817765
订单时间	**2016-10-30 14:21:25**
支付方式	**支付宝支付**

图7-27（c） 订单详情

在"订单状态"中，用户能够看到自己当前选择的订单的具体情况。菜小姐产品将订单状态分为 8 种状态，分别是等待支付、付款失败、等待商家确认订单、商家已确认订单、商家未确认订单、配送中、订单完成、交易完成。对应不同的状态，产品人员都要提供相应的原型图，以及逻辑判断：

• 等待支付：用户的订单提交成功，进入待支付状态，此时按钮显示为立即支付和取消订单。

• 付款失败：用户订单提交成功，但超过 15 分钟未完成付款，此时底部按钮显示为取消订单和重新付款。

• 等待商家确认订单：用户成功支付订单，进入商家确认阶段，此时按钮显示为取消订单和催单。

• 商家已确认订单：商家成功接受订单，进入准备阶段，此时按钮显示再次预定和催单。

• 商家未确认订单：商家 15 分钟内容未确认订单，即订单失效，款项退还用户支付账户，此时按钮显示投诉和再次预定。

• 配送中：商家确认配送员信息，进入配送阶段，此时按钮显示为再次预定和催单。

• 订单完成：商家已确认用户收到订单，此时按钮变为再次预定和去评价。

• 交易完成：用完对订单进行了评价，此时按钮仅显示为再来一单。

"订单详情"页是比较单纯地呈现有关订单的所有信息。

④ 地址管理。"地址管理"就是用户管理自己的收货地址。在这个页面，用户可以继续进行的操作有新增收货地址，以及重新编辑已有地址，如图 7-28 所示。

图7-28（a）　地址管理

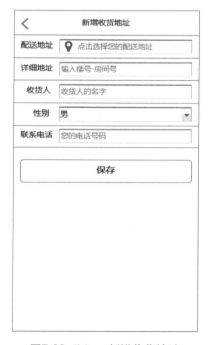

图7-28（b）　新增收货地址

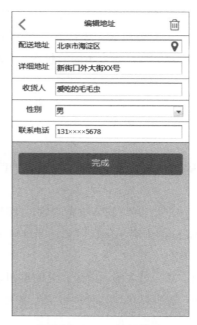

图7-28（c） 编辑地址

⑤ 我的评价。这个页面呈现的是用户所有的评价内容，如图 7-29 所示。

⑥ 优惠券。"优惠券"页面呈现的是用户已领取的所有优惠券，这些优惠券分为可用优惠券和失效优惠券两种，如图 7-30 所示。

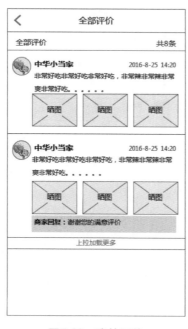

图7-29　我的评价

图7-30　优惠券

⑦ 帮助与反馈。在"帮助与反馈"页面，用户可以了解产品使用的常见问题，以及向产品反馈自己的意见和建议，如图 7-31 所示。对产品人员而言，收集到的反馈都是反映了用户使用

产品过程中的想法，是优化、更新产品的重要依据。

　　⑧ 设置。在"设置"页面，用户可以对产品的版本等进行调整。当中涉及的页面都是简单的信息呈现，这里不再一一详解，如图 7-32 所示。

图7-31（a）　帮助与反馈

图7-31（b）　常见问题

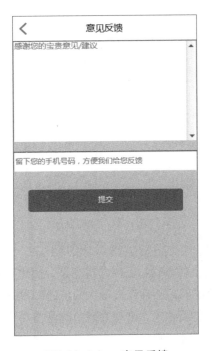

图7-31（c）　意见反馈

图7-32　设置

（5）注册登录页

上面的内容介绍了菜小姐产品的主要功能，接下来介绍产品的注册登录模块。

① 注册。注册是产品的基本功能模块。对于用户来说，只有通过注册提交一些必要信息之后，才能使用产品的所有功能（付费功能除外）。有些产品在注册部分需要用户提交很多信息，如邮箱、QQ，甚至是身份证号。获取这些信息有什么用呢？这些信息除了帮助生成用户的个人账号以外，还通常和产品的运营需求、对用户身份的验证需求等有关。如果产品方获得了用户的邮箱和 QQ 号，就可以通过这两个渠道与用户建立联系，向用户推送宣传产品信息或活动信息，吸引用户参与，从而提高活跃度。如果产品对用户身份有明确的验证需求，则需要用户提交身份证号这样更为私人的信息，如 12306 火车票购买。

虽然说获取用户越多的信息，就可以多一些与用户建立联系的渠道，但是如果在注册模块设置过多的信息填写项目，这反而会影响到产品的用户体验，甚至放弃注册产品。所以产品设计人员要把握好这个度。

菜小姐产品的注册模块只需用户填写手机号和密码，原型效果如图 7-33 所示。用户输入手机号后，点击"获取验证码"按钮，然后填写手机号获取的验证码，接着再设置登录密码即可完成注册，如图 7-34 所示。

图7-33　注册

图7-34　完成注册

② 登录。用户可以采用 3 种方式登录菜小姐产品，分别是普通登录、快捷登录，以及第三方登录，如图 7-35 所示。普通登录就是用户直接输入手机号码和密码即可登录。快捷登录是指用户输入手机号码后，获取产品发送给用户手机的验证码，然后直接输入验证码即可登录。这对于经常忘记密码的用户来说是一种非常便利适合的登录方式。第三方登录则是指用户直接使用微信、微博和 QQ 这样第三方的应用去登录菜小姐。这样的登录方式可以让用户实现只用一个账号即可登录多个应用的效果，简单方便。另一方面，用户采用这样的方式登录，产品方可

以获得有关用户在这些第三方应用的信息，甚至可以获取其绑定关注产品官方微博这样的权限，帮助产品方更好地了解用户，建立联系，方便宣传。

图7-35（a）　普通登录

图7-35（b）　快捷登录

③ 重置密码。用户忘记密码的事情也是常有发生的，所以产品设计人员不要忘记在注册登录模块添加忘记密码、重置密码的入口，如图 7-36 所示。菜小姐的重置密码整个流程与注册是相似的，在这里就不再赘述，如图 7-37 所示。

图7-36　重置密码-验证手机号

图7-37　重置密码-设置新密码

至此，关于菜小姐产品的主要页面原型就全部设计完成了，在该原型中体现了之前经过分析规划的基本功能和信息布局。同时模拟了基本的交互流程，对一些操作流程进行了注释说明，因为产品原型主要是提供给开发人员以辅助说明产品需求的，便于技术人员进行准确的功能实现。

5. UI 界面设计

产品原型设计定型以后，就可以交由 UI 设计师进行产品的界面设计了。界面效果图设计完成后，还需要进行效果相关规范的标准，并进行切图（将整体效果图按需要切割成部分）。

下面我们将 UI 设计师根据原型设计的几个主要页面呈现如下：

菜小姐启动后，首先呈现给用户的是一个启动页面，其效果页面如图 7-38 所示。跳过启动页面之后，进入菜小姐首页，其界面效果设计如图 7-39 所示。点击菜单栏的"订单"按钮，即可进入用户订单页面，其效果界面设计如图 7-40 所示。点击菜单栏的"我的"按钮，即可进入用户个人相关信息详情页面，其效果界面设计如图 7-41 所示。

图7-38　菜小姐启动页界面效果图示例

图7-39　菜小姐首页界面效果图示例

当用户通过菜小姐下单点外卖时，必须进行注册和登录，其界面效果设计如图 7-42 和图 7-43 所示。

图7-40 菜小姐订单页界面效果图示例　　图7-41 菜小姐个人详情页界面效果图示例

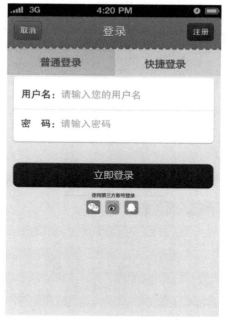

图7-42 菜小姐注册页界面效果图示例　　图7-43 菜小姐登录页界面效果图示例

6. 产品说明文档（PRD）输出

当产品的原型、UI 效果图都设计完成时，就可以整合输出产品说明文档，一并打包提交给技术人员进行产品的开发与实现了。鉴于菜小姐产品功能逻辑、技术架构都比较简单，这里就不再详细列出产品说明文档。读者可以按照前文学习的关于产品说明文档的写作方法，练习菜小姐产品的产品说明文档。

7.1.5　产品实现

从想法开始形成概念，再对概念进行深化形成功能架构，然后通过信息结构、页面布局的设计形成产品原型，再根据原型设计输出体现产品风格的界面效果，这个过程已经基本完成了产品设计的前期策划过程，接下来就是对策划成果的落实，即产品实现。需要指出的是，产品实现虽然主要由技术人员承担，但这时候产品设计者即产品经理并非大功告成，因为距离产品完全诞生还有很长一段距离，在这段距离中，产品经理依然需要深度参与协调开发过程，在此过程中向开发人员解释产品逻辑并从开发实现的具体情境中得到反馈，再不断对原先的产品原型作出调整，这本身也还是设计的过程，即从技术实现的角度对产品做出再设计。

与此同时，产品的实现过程本身也需要产品经理进行设计，以便于更好地协调沟通，让产品又快又好地与用户见面。这就涉及项目的管理，在第 5 章我们已经介绍了项目管理的基本方法。

下面我们看看大麦在菜小姐的项目管理过程：

1.　开发团队组建

由于菜小姐技术实现难度不大，经评估由大麦担任产品经理，并由一名 UI 设计师和一名程序员配合完成项目的开发。

2.　协同工具应用

为了提高产品经理与技术开发人员之间的协同效率，大麦使用"有道云协作"作为协作工具，如图 7-44 所示。

图7-44　有道云协作协同工具界面

有道云协作是网易推出的基于资料管理和项目推进的团队协同办公工具。覆盖计算机以及手机平台，大麦和团队可以在这里协同编辑文档、管理项目进度、共享工作资料等，如图 7-45 所示。

图 7-45　项目协同工具

3. 项目过程管理

菜小姐（用户端）开发项目跟踪管理进度表如表 7-2 所示。

表7-2　项目跟踪进度表

项 目 名 称：菜小姐（用户端）
项目负责人：谢大角　　　联系方式：xiedajiao@××××.com
需求负责人：大　麦　　　联系方式：damai@××××.com
项目跟踪管理：

项目阶段	开始时间	结束时间	具体内容	进度跟踪	跟踪时间	联系人
项目意向阶段	2016-02-25	/				
需求确认阶段	2016-02-28	2016-03-03	竞品分析、对比			大麦
产品方案阶段	2016-03-04	2016-03-11	确认功能、流程			大麦
产品设计阶段	2016-03-14	2016-03-28	原型、效果图制作	前后台原型完成，已交UI	2016-03-22	大麦
				效果图制作中，预计3月28日完成	2016-03-25	大麦

项目阶段	开始时间	结束时间	具体内容	进度跟踪	跟踪时间	联系人
产品研发阶段	2016-04-05	2016-05-30	完成移动端所有功能的开发	后台完成，前端完成30%	2016-04-22	大麦
				移动端已开发50%	2016-05-13	大麦
				移动端已开发70%	2016-05-20	大麦
				移动端已开发完成95%	2015-05-30	大麦
验收阶段	2016-06-03	2016-07-21	验证所有功能是否与规划设计方案一致	产品经理验收完成	2016-07-30	大麦
				测试人员验收完成	2016-06-30	大麦

文档跟踪：

发出文档		
发出时间	内容	备注
2016-03-22	项目手机端原型	交给UI设计效果图
2016-04-05	手机端原型和效果图发给研发 发出文档\菜小姐-前端原型（最终版）0322.rar 发出文档\菜小姐手机端效果图.rar	发给宋志翔老师
收到文档		
收到时间	内容	备注

7.1.6 产品上线准备

产品在正式上线运行时，产品经理需要制作产品的介绍材料，包括《产品说明书》和《用户使用手册》等。

1. 产品说明书

产品说明书是用于向他人介绍宣传产品的材料，使人认识、了解产品。与之前提到的产品需求文档不同的是，产品说明书的阅读对象可以是任何人，目的在于让人对产品有大体的了解，而产品需求文档的阅读对象主要是与产品设计开发的相关人员，目的在于让研发、测试等人员了解整个产品的架构、功能、交互等细节。

撰写产品说明书可以从产品意义、功能清单、适用对象、访问地址和联系方式这几个方面来写。

菜小姐（用户端）产品说明书

1. 产品意义

菜小姐是一款面向生活节奏快的都市人群，并为他们提供快捷健康饮食服务的外卖产品，并以此为切入点更加全面地为都市人群提供健康快捷生活方式的解决方案。

2. 功能清单

- 点餐
- 添加菜品
- 填写订单信息
- 支付订单
- 评价订单

3. 适用对象

生活节奏快的都市人群，如写字楼工作的白领一族。

4. 访问地址

菜小姐（测试地址）：http://www.caixiaojie.com/index。（注意：以上地址仅为示意地址，不是真实可访问地址）

5. 联系方式

针对本产品的任何问题可通过以下方式进行沟通：damai@niucaca.com。

2. 用户使用手册

用户使用手册是面向用户的，帮助用户了解产品是什么、有什么用、如何使用这些信息，目的是让用户能够顺利地使用产品。撰写用户使用手册时，可以从这几点来写：产品简介、产品访问地址、产品使用、联系方式。重点在于产品使用，撰写时可以使用图文结合的方式来呈现整个使用过程，方便用户理解。

7.1.7　小结

前面几节我们展示了大麦设计菜小姐产品的基本过程及一些主要成果，经过这样一个过程，一个互联网外卖服务产品从此就由一个想法变成现实了。这里还需要强调的是，在实际的产品设计工作过程中，各个环节并不是截然分割的，彼此也不是线性的关系。在实际工作过程中，各环节往往是交替反复、迭代推进的，前一个环节可能是后面环节的依据，后面环节的推进可能又会反过来促进我们对前面已有环节得出结果进行修正。值得说明的是，在一个互联网产品设计过程中，有基本的流程方法，但无定法。在实际产品设计中，要结合具体情境，从实际出发，灵活运用、创新运用。

大麦在主导完成菜小姐的产品设计后，对自己的实际工作流程进行了总结，形成了产品设计流程图和产品界面设计流程图。产品设计流程如图 7-46 所示，大麦把菜小姐的产品设计分为四个大的阶段——需求阶段、原型阶段、文档阶段和开发阶段。列明了各个阶段包括的工作任务和流程环节，并且展现了整个过程各环节的相互衔接关系。

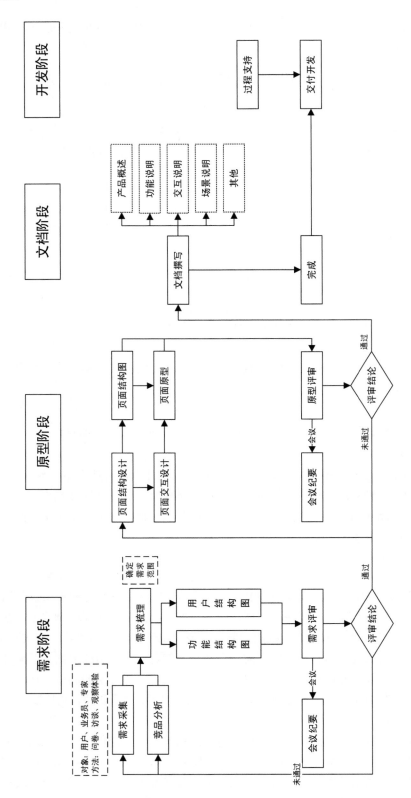

图7-46 栗小姐产品设计工作流程图

产品界面设计流程如图 7-47 所示，图中展示了当产品原型完成后，交付 UI 设计师进行产品界面设计时所经历的一个工作过程。

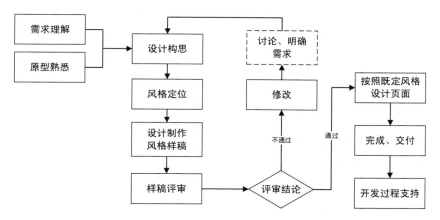

图7-47 产品界面设计工作流程

总之，在实际产品设计过程中，需要结合具体的工作情境，灵活地设计工作流程，以确保产品设计过程的推进。至此，关于大麦设计菜小姐的流程框架、具体方法和结果展示就全部介绍完了，你是否已经深受启发、迫不及待地想自己亲自操刀设计一款属于自己的互联网产品呢？

7.2 实训练习：规划设计一个属于自己的产品

通过前面章节的学习，对一个互联网产品设计的基本理念、方法、流程及实践过程，想必你已经形成了关于互联网产品设计的一个基本轮廓。然而，或许你还是有"纸上得来终觉浅，绝知此事要躬行"的感觉，想要小试牛刀，自己亲自上手设计一款互联网产品。那么，尽管去行动吧！下面我们将引导你一步一步去设计一款产品，去解决你身边的问题。

1. 观察：看看你周围的人们常常被什么问题或困难困扰？

① 谁？

_____

_____

_____

② 有什么问题（困难、苦恼）？

_____

_____

_____

_____

③ 这个问题是否刚性需要？是否频繁发生？

2．调研：市场上有别人给出针对上述问题的解决方案了吗？分别都有谁？
① 已有解决方案，分别是：

② 这些解决方案（产品）的特点分别是：

3．分析：他们很好地解决问题了吗？哪些方面解决得好？哪些解决得不好？

（注意：如果经过分析，发现问题已被别人解决得很好，那就返回去找其他尚未解决好的问题。）

4．关于上述问题，你有什么解决得想法？
① 你的想法：

② 你的想法能否形成一个互联网产品?

5．用户分析：你要解决的是谁的问题?

① 要为其解决问题的这个群体是谁?

② 这个群体规模有多大?

③ 这个群体有什么特点（用户画像）?

6．市场分析：你的想法未来在市场上的价值将会怎样?

① 你要解决的问题未来的发展趋势?

② 你的产品（解决方案）将会发挥什么价值？

_____

_____

_____

_____

_____

_____

7．论证：你的产品想法的可行性如何？

① 你的解决方案能被目标群体接受吗？

_____

_____

_____

_____

② 目前的技术、资源等能支撑你的想法（产品）实现吗？

_____

_____

_____

_____

_____

_____

（注意：如果上述分析最后结论都是肯定的，那么继续下一步。）

8．组建团队：找几个志同道合的小伙伴分工配合一起干。

① 产品经理：

_____

② UI 设计师：

_____

③ 技术人员：

_____

_____

（注意：如果技术人员欠缺，也可以暂时找一个懂技术的角色进行技术把关即可，技术开发实现事项待产品设计完成后，另行外包解决。）

9．需求整理：有所为有所不为。

① 结构化列出所有需求：

_____

_____

_____

_____

② 将需求排列，找出优先级（哪些是重点？哪些次要？）：

_____

_____

_____

_____

_____

③ 筛选确定需求范围（哪些做，哪些先不做？）：

_____

_____

_____

_____

10．梳理设计产品的基本架构

① 设计产品的功能架构，形成功能架构图：

_____

_____

_____

_____

② 设计产品的信息架构，形成信息架构图：

_____

_____

_____

_____

_____

③ 梳理产品的业务逻辑，形成业务流程图：

_____

_____

_____

_____

_____

11．设计产品的页面布局及交互表现方式

① 选择原型制作工具：

_____

② 按照构思制作体现页面布局及交互表现的产品原型：

_____

_____

_____

_____

_____

③ 评审确定原型定稿：

_____

_____

_____

_____

12．制作输出产品说明文档

① 确定文档结构：

_____

_____

_____

_____

② 制作输出文档：

_____

_____

_____

_____

13．设计产品 UI 界面效果图

① 向 UI 设计师阐述产品需求及界面设计需求：

_____

_____

_____

_____

_____

② 按需求设计产品界面效果图：

_____

_____

_____

_____

_____

③ 评审确定最终界面效果图：

_____

_____

_____

_____

_____

14．提交技术团队进行产品开发

① 向技术开发人员阐述产品需求：

_____

_____

_____

② 技术人员按需求开发产品：

_____

_____

_____

③ 项目协调管理：

_____

_____

_____

_____

_____

15. 产品上线发布

① 产品测试：

_____

_____

_____

② 评审确定上线版本：

_____

_____

_____

③ 产品介绍手册、产品用户说明书撰写：

_____

_____

_____

_____

④ 产品发布上线，试运行：

_____

_____

_____

_____

⑤ 产品运行监控、维护：

_____

_____

_____

你坚持做到这一步了吗？做到的同学有没有很兴奋的感觉？想迫切把属于你自己的产品秀给大家吗？欢迎关注本书配套微信公众号（ID：NBisNO1），秀出你的产品。